BEFORE
子イヌを飼うまえに

YOU GET YOUR PUPPY
Dr. IAN DUNBAR

子イヌを飼うまえに

目　次

日本語版出版によせて ···　5
まえがき ···　6
概要 ·· 10

第1章　子イヌの発達における学習の期限 ·· 15
　　　　あなたが子イヌを飼う前に ·· 16
　　　　子イヌの発達における学習の期限 ···································· 22
　　　　　1. 飼い主がイヌについて学ぶ！ ···································· 24
　　　　　2. 子イヌの発達の判断 ·· 25
　　　　　3. 失敗させない排泄のしつけ ·· 27
　　　　　4. 人への社会化 ·· 29
　　　　　5. 咬みつきの抑制 ·· 30
　　　　　6. 外で楽しむ ·· 32

第2章　学習の期限　その1　～あなたの子イヌを探す前に～
　　　　飼い主がイヌについて学ぶ ·· 35
　　　　　どんなタイプのイヌを？ ·· 40
　　　　　雑種か純血種か？ ·· 45
　　　　　どの犬種にするか？ ·· 46
　　　　　映画スターのイヌ ·· 52
　　　　　いつ子イヌを飼うか？ ·· 55
　　　　　どこで子イヌを手に入れるか？ ···································· 59
　　　　　良いブリーダーの選び方 ·· 60
　　　　　子イヌか成犬か？ ·· 63
　　　　　買い物リスト ·· 67

第3章　学習の期限　その2　～あなたの子イヌを選ぶ前に～
子イヌの発達を判断する……………………………………………… 71
- 良い子イヌを選ぶには ………………………………… 74
- ハンドリングとジェントリング ………………………… 75
- 健全な感受性 …………………………………………… 78
- 家庭のルール …………………………………………… 80
- 基本マナー ……………………………………………… 81
- 個人的好み ……………………………………………… 82
- ひとりっこの子イヌ …………………………………… 85
- 一般的な落とし穴 ……………………………………… 86
- 忘れないで！ …………………………………………… 87

第4章　学習の期限　その3　～あなたの子イヌが家にやって来た日に～
失敗させない排泄のしつけと噛むおもちゃのトレーニング… 91
- 家に迎えてからの1週間で子イヌに教えること ……… 92
- 「失敗させない排泄のしつけ」と「噛むおもちゃのトレーニング」… 93
- あなたが外出する時 …………………………………… 94
- あなたが家にいる時 …………………………………… 96
- 子イヌが自分で自分をしつけるようにしつける ……… 99
- 失敗させない排泄のしつけ …………………………… 99
- 排泄のしつけはこんなに簡単 ………………………… 101
- イヌ用トイレ …………………………………………… 117
- 戸外のイヌ用トイレを使うように子イヌに教える …… 118
- 問題がありますか？ …………………………………… 119
- 失敗させない「噛むおもちゃのトレーニング」……… 119
- 噛むおもちゃとは？ …………………………………… 123
- 食器からでなく噛むおもちゃから夕食を与える ……… 124
- 噛むおもちゃに食べ物を詰める ……………………… 129
- コングの詰め方基礎講座 ……………………………… 130
- コングはキング！ ……………………………………… 131

おとなしく座って静かにする	133
夜中にすべきこと	137
オスワリなど	139
いたずら	143

第5章　子イヌの教育の優先事項 …………………………… 145

第6章　書籍とビデオ ………………………………………… 161

"噛む"と"咬む"の違いの解説
原書では「かむ」という行為について "chew" と "bite" が使用されており、本書ではそれぞれ "噛む" と "咬む" と訳し分けています。意味合いの違いは次の通りです。
噛む：ドッグフードを噛む、ガムを噛む、家具を噛む、のように物を噛んだり、かじったりするような場合。
咬む：咬傷事故のように、イヌが人に咬みついてケガをさせる、ケンカで咬みつくのように強く咬む、咬みちぎるような場合。

　イヌの被毛の色や体型だけでなく、肉体的・精神的健康を気遣っている優秀なドッグブリーダーの皆さんへ。
　どんなイヌにも起こりうる行動や気質の問題の予防に、早期の社会化としつけがいかに重要であるかを理解している博学の獣医師の方へ。
　あらゆる努力を惜しまずに、自分の子イヌを選び、育て、性格もマナーも優れたコンパニオン・アニマルとなるようしつけている、イヌ好きで責任感のある飼い主の皆さんへ。
　そして、未熟なドッグブリーダー、獣医師、飼い主が引き起こしてしまったさまざまな問題を必死で解決しようとして過労気味の、ペットドッグトレーナー、および動物保護施設の職員、動物救援協会の皆さんへ。

日本語版出版によせて

　私の著書"BEFORE You Get Your Puppy"及び"AFTER You Get Your Puppy"の日本語版『子イヌを飼うまえに』『子イヌを飼ったあとに』をレッドハート株式会社が翻訳出版してくださることを心から嬉しく思っています。この日本語版の出版により、私のドッグトレーニングの知識と経験を皆さんと共有できることになりました。同時に、この日本語版の完成により、私は皆さんのすばらしい国に何度も出かけていくごほうびを得ました。もしかしたら、日本で皆さんとお寿司やお酒をご一緒できる機会があるかもしれませんね。ですから、レッドハートにに、これからもどんどん私の本を翻訳していただきたいと願っています。

　また、私はレッドハートと仕事ができることを心より名誉なことだと感じています。と言いますのも、レッドハートは、日本のイヌと飼い主の最大の関心を真に受けとめ応えていることで名高い企業だからです。どのような関係にも、その成功の鍵はコミュニケーションにあります。私の一番の願いは、この本をお読みになって、あなたとあなたの愛犬が深い報いのある関係をお築きになられることです。

　この本を手にとっていただき、ありがとうございます。

Dr.イアン・ダンバー
カリフォルニア州バークレー
2003年5月1日

まえがき

　悲しいことに、米国では子イヌの半数以上は2歳になる前に死を迎えてしまいます。これは、ラッシー、ベンジー、エディのような名犬になるはずという夢のような期待にこたえられず、飼い主に捨てられてしまったことが原因です。名犬になるどころか、こうしたイヌたちはどんなイヌにでも起こりうる数々の行動・しつけ・気質問題を引き起こし、動物保護施設に連れて行かれ、その命を運命に任せることになるのです。これを多くの人は飼い主の無責任のせいにしたがりますが、私はしつけのノウハウが欠けているせいだと思っています。これから子イヌを飼おうとする人の多くは、どのような問題が待ち受けているか全くわかっていません。それに、問題の予防策や解決法についても知識がありません。皮肉なことに、多くのイヌが命を落としてしまうのは、初めてイヌを飼った人が時代遅れのしつけ本を読んで、誤解しやすい、間違った、場合によっては明らかに残酷なアドバイスに従ってしまったのが原因です。

　イヌの飼い主にしつけのノウハウが欠けているのは、ドッグブリーダー・トレーナー・獣医師・保健所職員・動物保護施設の職員など、イヌ関係の専門職の人たちの責任でしょう。私を含むイヌ関係のプロが、もっと簡単で、便利で、イヌにやさしい、しかも効果的で効率のいい子イヌの育て方やしつけ方があることを、飼い主にきちんと伝えていないせいなのです。

まえがき

　本書では、一般的で予測可能な子イヌの問題を取り上げ、イヌの成長段階に沿って、イヌにやさしい行動問題の予防策や解決法をいろいろ提案しています。特に、初期の社会化*1、居場所の制限*2、問題の予防、ごほうびトレーニング*3、ルアー／ごほうびトレーニング*4などの技法がいかに重要であるかを強調して説明しています。

　教育といっても、つまらないものから抜群に楽しいものまで、まさにピンからキリまであります。私は自分の書く本は情報を伝えるだけでなく、楽しいものにしようと努めています。しかし、教育とおもしろさのバランスは微妙で、本書の前の版にあたる本（The New Puppy Dogとして出版）では、これがうまくいきませんでした。ユーモアはあったものの、事実が曖昧になってしまったのです。文面に強調した説明や切迫感が欠けていて、言いたいことが伝わりませんでした。私が書こうとしたことがきわめて重要で、大至急行ってほしいことだったことを考えると、これは重大な反省点です。

　本書の出版にあたり、ジェーン・スティーブンソンさんとブルース・ブーリンガー博士が、初稿をとても建設的かつ批判的な眼で読み、欠点を十二分に指摘してくれました。ここに心より感謝申し上げます。お二人ともありがとうございました。本書は全面的な改訂となりました。ジェーンが根気よく励ましてくれたおかげです。また、ジェーンの父上にもこの版に対して貴重なご意見をいただき、大いに感謝しています。

　この新しい本が、読者のみなさんにとって前の版と同じくらい楽しく、

かつ次の2点が一番重要で緊急を要することが十分に強調されていることを願っています。

1. 子イヌを選ぶ時には、その気質・行動の発達・学習が標準レベルかどうかの判断方法を知らなければなりません。子イヌの発達・学習を判断できるかどうかは、あなたがどれほど子イヌについて勉強をしたかにかかっています。

2. 子イヌが家に来てからの1週間は、子イヌの一生を決めてしまう一番大切な発達期です。この短くも決定的な時期によって、あなたの子イヌがお行儀も性格も良く長年一緒に暮らしていける仲間になるか、それとも予測しうるあらゆる行動問題を引き起こし、怖がりで人にもイヌにもなつかなくなるかが決まります。今、分岐点に立っています。あなたが飼うことになる子イヌがどのような発達の道をたどるかは、あなた次第なのです。

まえがき

【訳注】
* ＊1 社会化　socialization　個人が他の人々とのかかわり合いを通して、社会的に適切な行動及び経験のパターンを発達させる全過程を指す。動物行動学においては、群れで生活する動物の子どもが、群れで育つ中で自分の仲間（親・兄弟・その他）との社会関係を体得し、その群れ社会の一員としての必要な素地を身につけていく過程をいう。
* ＊2 居場所の制限　confinement　Dr.イアン・ダンバーが提唱するイヌの行動問題の予防・解決を目的とした手法で、長時間イヌの居場所を制限する方法と短時間イヌの居場所を制限する方法を統合して『総合管理システム total management system』と呼ぶ。この方法により、子イヌでも成犬でも、排泄の問題、噛む問題、むだ吠え、分離不安などをすべて予防または解決できる。この居場所の制限は、イヌのしつけができるまでの一時的な管理方法である。
* ＊3 ごほうびトレーニング　reward training　イヌにしてほしいことをイヌが自らするまで待ち、してほしいことをしたらごほうびを与えるというテクニック。このごほうびによって、イヌにしてほしい行動を強化する。最初の段階では時間がかかるが、飼い主は待つだけで何も指示する必要がないため非常に簡単な方法である。「オスワリ」「フセ」「マテ」「オフ」を教える時にも有効であり、しつけをしにくい興奮しがちなイヌをしつける時、複雑なことを教える時などにも適している。
* ＊4 ルアー／ごほうびトレーニング　lure/reward training　1.要求（request）2.ルアー（lure）3.反応（response）4.ごほうび（reward）の4つのことが連続して起こることで、イヌに人が指示する言葉の意味を理解させる方法。ごほうびが反応を強化する点でオペラント条件付けの例と言える。飼い犬のトレーニングにおいて、最も簡単で効率が良く効果的な方法とされる。イヌが人の言葉を学習した段階では、ルアーは必要がなくなる。また、次の段階では、食べ物のごほうびを、「ほめる」「散歩に行く」「ボールで遊ぶ」というような生活の中のごほうびに代えていくことで、外的なごほうび（食べ物）は必要がなくなる。この段階では、イヌは内発的動機付けで反応しており、イヌにしてほしいことをイヌがしたがるように教えることができている。

子イヌを飼うまえに

概　要

　子イヌを育て、しつけていこうと心に決めたなら、まずご自分をしつけてください。完璧に育つはずの子イヌを、ほんの数日でだめにしてしまう場合もあることをお忘れなく。イヌにとって一番大切な学習の期限は、あなたが子イヌを飼おうとする前にやってきます。つまり、子イヌを飼う前に、あなたが子イヌの教育について勉強し終わっていることが大切なのです！

　初めて子イヌを飼う人の多くは、この新しい仲間が吠えたり、噛んだり、掘ったり、家中を糞や尿で汚したりするのを知って、びっくりしてしまいます。けれど、これはみんなイヌにとっては全く正常で自然、かつなくてはならない行動なのです。

　新しくやって来たあなたのイヌは、人間の家庭のルールを知りたくてうずうずしています。人を喜ばせたいと思っているのです。でも、何をしたら喜んでもらえるかを知らなくてはなりません。家庭のルールを隠しておいてはいけません！　誰かがイヌに教えてあげなければならないのです。その誰かとは、あなたです！

　子イヌを家に迎えて一緒に暮らし始める前にあらかじめ知っておいたほうが賢明なのは、正常に発達している子イヌがどんな行動をするか、子イヌのどんな行動や特徴を良くないと考えるべきか、そしてそれに応じて、

不適切な行動や気質をどのように修正していくかといったことです。そのほうが子イヌにとってもフェアでしょう。具体的に言うと、どこで排泄したらいいか、何を噛んだらいいか、いつ吠えたらいいか、どこを掘ったらいいか、そして人にあいさつする時は座ること、リードをつけて穏やかに散歩すること、要求されたらおとなしく落ちつくこと、咬みつき行動を抑制すること、また他のイヌや人、特に知らない人や子どもと一緒に過ごすのを心から楽しむことなど、そういったことを子イヌにどう教えるかを、飼い主は知っておかなければなりません。

　子イヌを専門のブリーダーから選ぶ時でも、一般の家庭で生まれた子イヌから選ぶ時でも、基準は同じです。とにかく家の中で、人（子イヌの教育にたくさんの時間を注いでいる人）と一緒に暮らし、その人の影響を受けながら育ってきた子イヌを探してください。

　また、子イヌは、日常、家の中で耳にするうるさい音に慣れておく必要があります。掃除機がガーガーいったり、台所で鍋や釜がガシャンと落ちたり、テレビのスポーツ番組から熱狂的な叫び声が聞こえたり、子どもがギャーギャー泣いたり、大人が口論しあったりといった音です。まだ耳や目が発達しきっていないうちからこういった刺激にさらされることで、子イヌ（まだ視界がぼやけて耳が聞こえにくい）は、次第に見聞きするものに慣れていき、大きくなっても怖がらなくなるのです。

　戸外の飼育場で人と接することなく育てられた子イヌはやめておきましょう。家の中で一緒に暮らすイヌがほしいのですから、家庭で育てられた

子イヌが望まれます。人と接することなく機械的に育てられた子イヌは、ペット向きのイヌとはとても言えません。こういうイヌは、食肉用子牛や養鶏場のメンドリのような「家畜」と一緒です。しつけも社会化もされておらず、良き仲間になってはくれません。人との接触を十分に経験している子イヌを探しましょう。

　どの犬種にするかはとても個人的な選択で、あなたご自身で決めることです。しかし、あらかじめ学んでよく知った上で子イヌを選べば、無用な問題や悩みの種はかなり減らせるでしょう。好きな犬種を決めたら、その犬種特有の性質や問題について調べ、そのイヌの育て方やしつけ方として最適な方法を見つけましょう。最終的にどのイヌにするか決める前に、あなたが選んだ犬種の成犬を数頭、必ず試しに扱ってみてください。そうすれば、すぐにその犬種について何を知っておくべきかがわかってきます。また、イヌの行動としつけの勉強の中で、あなたが学びそこねていたことも見えてきます。

　「完璧な」犬種を選び、「完璧な」個体を選びさえすれば、子イヌは自動的に「完璧な」成犬になるなどと甘い考えを持ってはいけません。しかしながら、正しく社会化としつけさえすれば、どんな子イヌも最高の仲間になれるのも事実です。犬種や血統とは関係なく、正しく社会化やしつけをしていなければ、どんな子イヌも非行に走りかねません。子イヌを選ぶ時は、よく調べた上で、賢い選択をしてください。でも、もっと大切なのは、あなたの理想の成犬になるかどうかは、適切な社会化としつけ次第だとい

うことです。

　最終的にどの犬種に決めるかにかかわらず、いったん決断してしまえば、ここからはうまくいくもいかないも、あなた自身の責任です。子イヌの行動や気質がどうなるかは、100％あなたの管理としつけにかかっています。

　子イヌの生活の場は、排泄のしつけや噛むおもちゃのトレーニング*1で失敗が起こらないようにお膳立てしておかなければなりません。一度でも失敗すると、これが前例となって同じことが繰り返されてしまうという危険をはらんでいます。

　長時間居場所を制限する*2ことで、あなたの子イヌは学習により家庭で失敗を起こす可能性がなくなります。つまり、子イヌは自然に学んで正しいトイレ場所がわかるようになり、静かに落ちついて過ごせるようになり、適切な噛むおもちゃを噛みたくなります。

　また、短時間の狭い場所への制限*3によっても、子イヌが家庭で失敗を起こさなくなり、静かに落ちついていられ、適切な噛むおもちゃを噛みたくなるようにしつけることができます。さらに、子イヌがいつ排泄をしたくなるか正確に予測できるようにもなります。排泄のしつけの秘訣として一番大切なのは、子イヌがいつ「いきたくなる」かを予測できることなのです。

子イヌを飼うまえに

あなたの子イヌの遊び部屋(長時間居場所を制限する場所)には、寝心地のいいベッド、新鮮な水、噛むおもちゃ、トイレが必要です。

【訳注】
* *1 噛むおもちゃのトレーニング chewtoy training 主として『総合管理システム』を用いてイヌをしつける場合に、制限した居場所の中に食べ物を詰めた噛むおもちゃ(コング・ビスケットボール・消毒した骨など)を入れて、イヌがそれを噛むことに夢中になるような環境を作る(他に噛むものがないので)ことで、行動問題や分離不安などを予防・解決する方法。
* *2 長時間居場所を制限する longterm confinement area 『総合管理システム』の飼い主が家を留守にした場合のしつけ方法。この居場所には、犬用トイレ、寝床、水入れ、食べ物を詰めた噛むおもちゃを用意しておく。
* *3 短時間の狭い場所への制限 shortterm confinement area 『総合管理システム』の飼い主が家にいる場合のしつけ方法。クレートを利用して排泄のしつけを行うためにも最適とされる。この居場所にも、食べ物を詰めた噛むおもちゃを入れておく。

1章 子イヌの発達における学習の期限

BEFORE:子イヌを飼うまえに

1章：子イヌの発達における学習の期限

あなたが子イヌを飼う前に

　新しい子イヌを家へ迎えようと思っているなら、本書はあなたが読む本の中でも一番大切なものになるでしょう。本書では子イヌを選ぶ前に何を知っておくべきかと、子イヌが家に来てからの1週間に子イヌに何を教えなければならないかを説明しています。

　ご自分の子イヌを選んだ瞬間から、社会化としつけにはかなり急いで取り組む必要があります。ゆっくりしている暇はありません。基本的に、成犬の気質と行動の習性は（良いものも悪いものも）、幼犬期[*1]、それも非常に初期に育まれます。実際、子イヌによっては、生後ほんの8週齢でもう手遅れになりかけていることもあります。飼い主は子イヌを選ぶ時や特に家に来てから数日の間に、とんでもない失敗をしてしまいがちです。こうした失敗から、子イヌの行動や気質に一生ついて回る取り返しのつかない影響が出かねません。社会化やしつけができていない生後8週齢の子イヌは矯正できないといって

いるわけではありません。すぐさま対処すれば可能です。しかし、行動・気質の問題が初めから起きないように予防するのがとても簡単なのに対して、矯正は難しくて時間もかかります。それに、矯正できたとしても、最初からしつけた子イヌほどすばらしい成犬にはなれないでしょう。

　子イヌを選ぶ時に賢い選択をするにはどうすればよいか学びましょう。そして、失敗させない排泄(はいせつ)のしつけ*2方法や、噛むおもちゃのトレーニング方法を覚えて、子イヌが新しい家に来たらすぐにしつけを始めましょう。子イヌに家を排泄物で汚させ、噛んではいけないものを噛むなどの失敗をさせてしまうのは、全くばかげたことであり非常に深刻な問題です。ばかげたことというのは、そうすることで、あなたが将来頭痛の種をたくさん抱えこむことになってしまうからです。また、深刻というのは、飼い主が排泄のしつけや噛むおもちゃのトレーニングの方法を知らなかっただけで、毎年何百万頭ものイヌが安楽死させられてしまうからです。

1章：子イヌの発達における学習の期限

シェパードが好き放題をした後のナンシーの家！ 食べ物を詰めた噛むおもちゃを与えておけば、イヌは家でひとりぼっちになっても、作業療法*3として噛むおもちゃを噛んで楽しく過ごせます。

　もし、一度でもあなたの子イヌを監視しないで室内でひとりぼっちにしてしまったら、イヌは間違いなく日用品を噛み、室内を排泄物で汚してしまうでしょう。こうしたちょっとした事故はそれ自体の損害は小さくても、あなたの子イヌがこれからずっと日用品を噛んだり、室内を排泄物で汚すという前例を作ってしまいます。

　子イヌの時に室内を排泄物で汚したり、室内のも

のをめちゃくちゃにしてしまうと、あとで大災難になることがあります。成犬になると膀胱や腸が大きくなり、顎の破壊力も強くなるため、被害は大きくなるからです。飼い主は子イヌが生後4－5ヶ月になった頃にその破壊性に気づき始めることが多く、この時の対応として典型的に見られるのは、子イヌを戸外に追放してしまうことです。すると、子イヌは退屈し、見張る人もいないため、遊びを求めてあらゆるものを破壊し始めます。

　ひとりぼっちにされて、寂しくなった子イヌは、1日を過ごすための作業療法を求めて、本能的な好

ほんの1回でも室内を排泄物で汚させてしまうと、子イヌのトイレ場所の前例を作ってしまい、そのあと何度も繰り返し失敗を起こすことが予測できます。

奇心から掘ったり、逃げたり、吠えたりします。そして、隣人から子イヌがひっきりなしに吠えるとか、時々逃げてくるといって苦情が来ると、子イヌはさ

1章：子イヌの発達における学習の期限

らにガレージや地下室に閉じ込められてしまいます。しかし、これは通常一時的なことでしかなく、そのうちイヌは地域の動物保護施設に連れて行かれて、運命に身をゆだねることになります。施設に入れられたイヌのうち里親(さとおや)が見つかるのは4分の1もなく、しかも新しい飼い主がその青年期のイヌの困った問題に気づくやいなや、そのうちの約半数がまた施設に返されてしまいます。

排泄のしつけができておらず、家から追放されて庭に居場所を制限され、退屈な日々を送っている青年期のイヌの場合、掘る、吠える、逃げるといった問題が二次的に発生します。排泄のしつけをしておけば、イヌは外に出さなくてもよくなります。そうすれば、掘ったり逃げたりという問題も魔法のように消えるでしょう。

むだ吠えを減らす方法の中でも一番お薦めなのは、あなたの子イヌに合図で吠えるよう教えることです！　イヌに要求に応じて吠えるようしつけることで、要求に応じて静かにさせる訓練もしやすくなります。これは、あなたの都合のいい時に子イヌを静かにさせることができるようになるためです。子イヌが興奮して吠えている時に静かにさせようとするのではなく、「吠えろ」と命令し、子イヌが落ちついて集中している時に「しぃーっ」を教えます。

　多くのイヌの運命はこういったところですが、これはなんとも悲しいことです。なぜなら、こうした単純な問題は本当に楽に予防できることだからです。排泄や噛むおもちゃのしつけにハイテクは必要ありません。けれど、何をすべきかは必ず知っておく必要があります。そして、それは子イヌを家に連れてくる前に知っておくべきことなのです。

1章：子イヌの発達における学習の期限

子イヌの発達における学習の期限

　子イヌが家に来た瞬間から、時は刻み始めています。わずか3ヶ月のうちに、あなたの子イヌは6つの決定的に重要な学習の期限を限られた時までにクリアしなくてはなりません。この期限をひとつでも逃すと、その子イヌが持つ可能性をすべて開花させることはできません。おそらくあなたはそのイヌの一生を通じて、行動・気質の矯正(きょうせい)に奮闘せざるを得ないでしょう。社会化や咬(か)みつきの抑制を学ぶ限られた期限を決しておろそかにすることは許されません。

```
1. 飼い主がイヌについて学ぶ！  ― 子イヌを探し始める前に
2. 子イヌの発達の判断         ― 子イヌを選ぶ前に
3. 失敗させない排泄のしつけ    ― 子イヌが家に来る前に
4. 人への社会化              ― 生後12週齢までに
5. 咬みつきの抑制            ― 生後18週齢までに
6. 外の世界を楽しむ          ― 生後5ヶ月までに
```

　もうすでにイヌを飼っており、自分のイヌは上記の学習の期限をすでに過ぎていると思っても、まだあきらめることはありません。しかし、すでにかな

り遅れをとっているのですから、あなたの子イヌの社会化と教育は、今や危機的な緊急事態にあることは理解しておく必要があります。すぐに遅れを取り戻すようがんばってください。まず、ただちにペットドッグトレーナーに連絡することです。あなたの子イヌの社会化としつけのやり直しには、家族、友だち、近所の人を呼んで助けてもらいましょう。できたら子イヌに集中して取り組むために1－2週間仕事を休みましょう。子イヌが幼いほど、すぐ簡単に学習のスケジュールに追いつき、損害を最低限に抑えられます。しかし、遅れれば遅れるほど確実に難しくなってしまいます。

1章：子イヌの発達における学習の期限

1. 飼い主がイヌについて学ぶ！

新しい子イヌを飼う計画は、飼い主がイヌについて学ぶことから始まります。

　完璧な子イヌを探す前に、まずどんなイヌを探すべきか、どこで手に入れるか、いつ手に入れるかを知る必要があります。一般的には、子イヌを衝動買いするよりは、十分に知識を得てから手に入れるほうがはるかに賢明です。さらに、大切な学習の期限についても、完全に自分のものにしておく必要があります。これは、子イヌを選んだその日からただち

に取り組む必要があることです。十分時間をかけてこの本をよく読み、十分時間をかけて賢い選択をしてください。あなたとイヌとはおそらく何年も一緒に暮らすことになるのですから。

2. 子イヌの発達の判断

　子イヌを選ぶ前に、良いブリーダーをどうやって見分けるか、そして良い子イヌをどうやって見分けるかを知る必要があります。具体的には、生後8週齢までにあなたの子イヌの行動面の発達を判断する方法として、下記のことを見極める必要があります。

(1) あなたの子イヌは、家庭の物理的環境に完全に慣れていなければなりません。特に、恐ろしいと感じる可能性のあるあらゆる騒音に馴染んでいることが望まれます。
(2) あなたの子イヌは、相応の社会化が進んでおり、大勢の人、特に男性や子どもにハンドリング[*4]されている必要があります。

(3) あなたの子イヌは、「失敗させない排泄のしつけ」と「噛むおもちゃのトレーニング」が進んでいることが望まれます。

(4) あなたの子イヌは、すでに基本マナーについて初歩的理解ができていなければなりません。つまり、家庭での生活に備えて、子イヌたちは人と接する機会の乏しい繁殖場ではなく、十分に人に接する環境で育てられていることが必要です。

このロッキー山脈遭難救助犬の候補犬は、生後8週齢の時、厳選された同腹の兄弟[*5]から、さらに細心の注意を払って選ばれました。

3. 失敗させない排泄のしつけ

　子イヌが来たその日から、必ず「失敗させない排泄のしつけ」と「噛むおもちゃのトレーニング」を行う必要があります。これは本当に重要なことです。というのは、子イヌはその性質上、最初の1週間に良い習性も悪い習性も学んでおり、この時期に学んだことは何週、何ヶ月、場合によっては何年にもわたって続く習性になるからです。

　子イヌを家に連れてくる前に必ず、居場所を長時間または短時間制限する考え方を完全に理解しておいてください。長時間／短時間の居場所の制限をスケジュールに沿って行えば、排泄のしつけや噛むおもちゃのトレーニングは簡単で、効率も良く、しかも失敗がありません。家に来てからの最初の数週間は、規則的に居場所を制限すると（ドライフードの詰まった噛むおもちゃを使って）、子イヌは噛むおもちゃを噛むことを覚えて、1ヶ所で静かに落ちついていられるようになり、吠えることを楽しい遊びにしてしまうことはありません。それに、短時間の

1章：子イヌの発達における学習の期限

居場所の制限をすると、あなたは子イヌがいつ排泄したくなるか予測できるようになるので、子イヌを正しいトイレ場所に連れて行ってやり、そこで子イヌが排泄したらごほうびを与えることができます。

4. 人への社会化

子イヌは生後3ヶ月齢になる前に、人、とりわけ男性や子どもに社会化される必要があります。

　非常に重大な社会化期は、生後3ヶ月齢までに終わってしまいます。この時期は、子イヌが他のイヌや人を受け入れ、楽しく一緒に過ごせるように学ぶ大変重要な発達段階です。ですから、あなたの子イヌは生後3ヶ月齢になるまでに人に社会化される必

要があります。とはいえ、イヌの予防接種*6がまだ終わっていない時期なので、安全な自宅で子イヌを人に会わせます。経験的に、子イヌは家に来てからの1ヶ月で少なくとも100人の人に会う必要があります。これは思うほど大変ではありませんし、むしろ、とても楽しいことです。

5. 咬(か)みつきの抑制*7

　咬みつきの抑制は、イヌが学ぶべきことのうちでも一番大切なことです。成犬の鋭い歯と顎(あご)は、相手を傷つけかねません。動物はみな、同種の動物には自分の武器を向けないよう学ばなければなりませんが、家庭で飼われている動物は、すべての動物、特に人に対して、やさしくふるまうよう学ぶ必要があります。家庭犬は、特に他のイヌや人に対する咬みつきの抑制を学ばなければなりません。甘咬(あまが)み*8が発達する時期はごく短く、永久歯の犬歯(けんし)が生え始める生後4ヶ月半頃にはもう終わってしまいます。ですから、子イヌに咬みつきの抑制を学ぶ理想的な場

を設けてやることは、最も急を要します。そのため、子イヌが生後18週齢になる前にしつけ教室に連れて行く必要があるわけです。

咬みつきの抑制は本当に重要です。子イヌに咬みつきやマウズィング*9を完全にやめるように教える前に、咬みつきの力の抑制を教えなければなりません。

6. 外で楽しむ

社会化を維持するためには、幼犬期・青年期・成犬期を通じて社会化を継続する必要があります。あなたのイヌは常に見知らぬ人やイヌと接触し、慣れない状況に置かれることで、自信を身につけていくでしょう。

　良い性格で、十分にしつけられたあなたの子イヌが、成犬になってからもずっとマナーが良く十分に社会化され友好的でいられるには、定期的に見知らぬ人やイヌと接触することが必要です。このためには、少なくとも1日に1度は散歩に連れて行く必要があります。子イヌを車に乗せて友だちの家に連れて

行くのは、どんなに早い時期でもかまいません。か
かりつけの獣医師(じゅういし)にもう外に出しても安全だと言わ
れたら、すぐに子イヌの散歩を始めましょう。

> 『子イヌを飼うまえに』では、子イヌの発達における学習の期
> 限のうち初めの3つを取り扱っており、自分に合った子イヌの探
> し方・選び方と、子イヌを家に迎えてからの最初の1週間をカバ
> ーしています。この初めの3段階の学習の期限は特に急いで取り
> 組むべき非常に重要なことで、失敗は許されません。続編の『子
> イヌを飼ったあとに』では、学習の期限のうち後半の3つを扱っ
> ており、子イヌを家に迎えてからの3ヶ月をカバーしています。
> 時間が押し迫っていることには変わりませんが、必要なことを行
> うのに3ヶ月の余裕はあります。

イヌにロールスロイスばりの性格を求めるなら、飼い主もロールスロイスばりの教育を
積まなければなりません。

1章：子イヌの発達における学習の期限

【訳注】
* ＊1　幼犬期　puppyhood　イヌのライフステージは基本的に3段階に分かれる。①幼犬期　生後18週齢まで　②青年期　生後18週齢〜2，3歳　③成犬期　3歳以上　さらに、幼犬期は次の3段階に分かれる。(1)新生児期〜生後2週齢まで　(2)生後3週齢〜12週齢まで　(3)生後13週齢〜18週齢
* ＊2　失敗させない排泄(はいせつ)のしつけ　errorless housetraining　クレートを使用して、イヌが排泄したくなる時を予測することで、イヌが1度も失敗しないように排泄のしつけをする方法。1度でも間違った場所に排泄させてしまうと、その後何度も失敗を繰り返させてしまう。こうなると、その矯正は非常に難しいため、最初から「失敗させない排泄のしつけ」方法でしつけることが望ましい。
* ＊3　作業療法(さぎょうりょうほう)　occupational therapy　病院に放置された患者は、あまり自由な時間がありすぎると何かに熱中したくなる。こうした考えにもとづいて、患者に何か仕事をやらせてみる試みが始められたことに発する。ここでは、イヌが家でひとりぼっちになった時に、いたずらをすることを予防する作業療法として噛むおもちゃを噛んで過ごせるようにしている。
* ＊4　ハンドリング　handling　人の手で動物を自由に触ったり、扱ったりすること、またその過程をいう。幼犬期に人にハンドリングされることで人に対する怖がりを予防できる。
* ＊5　同腹の兄弟　litter mate　一緒に生まれた兄弟。通常、子イヌは同腹の兄弟と咬みつき遊びをしながら「咬みつきの抑制」という大事な素地を身につける。
* ＊6　予防接種　immunization injections　通常、犬ジステンパー、犬パルボウィルス感染症、レプトスピラ症、伝染性肝炎等の混合ワクチンを2回接種する。この予防接種により免疫ができてからでなければ、子イヌを公の場所に連れ出すべきではない。
* ＊7　咬(か)みつきの抑制　bite inhibition　子イヌが生後18週齢になるまでにしつけておかなければならない、子イヌの教育において最も重要とされるしつけ。咬みつきの抑制を確実に身につけたイヌは、万一、不慮の事態で咬みつくことがあっても相手に大ケガを負わせることはない。
* ＊8　甘咬(あまが)み　soft mouth　咬む時にやさしく、力を入れないようにする。「咬みつきの抑制」を教える時に甘咬みができるようにすることは非常に大切である。
* ＊9　マウズィング　mouthing　子イヌが人の手をなめるように咬むこと。

2章 学習の期限 〜あなたの子イヌを探す前に〜

BEFORE:子イヌを飼うまえに
その1　飼い主がイヌについて学ぶ

BEFORE

2章：学習の期限 その1

　一番大切な学習の期限は、あなたが子イヌを飼おうと思う以前に間違いなくやってきます。つまり子イヌを飼う前に、あなたが子イヌの教育について勉強し終わっていることが大切なのです！　車の運転を始める前に運転の仕方を学ぶのと同じで、子イヌを手に入れる前に、どのように子イヌを育てしつけるかを学ぶことが賢明です。

　飼い主の中には、子イヌに何もかもすべてを求める人がいて、魔法や奇跡まで要求する人もいます。飼い主は子イヌに、完璧にお行儀良く、何時間も家でひとりぼっちでもおとなしく気晴らしをしていてほしいと願うものです。そして、子イヌはしつけなくても魔法のようにお行儀良く育つと思いこんでいたりします。

　子イヌに家庭のルールを教えていないにもかかわらず、子イヌがいかにもイヌらしい方法で気晴らしをして、あることも知らないルールを破ってしまったことにブツブツ文句を言うのは、とてもフェアとはいえません。家庭のルールがあるなら、誰かが子イヌに教えてやらなければなりません。その誰かとは、あなたです。

幸い、イヌが最も活動的になるのは夜明けと夕暮れのため、イヌの多くは日中静かにうたた寝しています。しかし、そうでないイヌもいます。実際、とても興奮しやすいイヌは、家でひとりぼっちにされるとものすごいストレスを感じて、わずか1日のうちに家の中や庭をめちゃくちゃにしたりします。

　初めて子イヌを飼う人の多くは、この新しい子イヌが吠えたり、噛んだり、掘ったり、家中を糞や尿で汚したりするのを知って、愕然とします。けれど、これはみんなイヌにとっては全く正常で自然な、なくてはならない行動なのです。イヌがどうすると思っていたのですか？　まさかモーモー鳴くとでも？　あるいはニャーニャー？　また、飼い主の多くは、どんなイヌにも起こりうる問題に直面した時、さら

に途方にくれるようです。たとえばイヌが跳びつく、リードを引っ張って歩く、青年期になるととてつもないエネルギーを発散するといったことです。また、飼い主は自分の青年期のイヌや成犬が咬みついたりケンカすることが信じられません。イヌが社会化不足だったり、いじめられたり、虐待されたり、おどかされたり、腹を立てると、どんな反応をすると思っているのですか？ まさか弁護士を呼ぶとでも？ 当然イヌは咬みついて反応します。咬みつくのは、尾を振ったり、骨を埋めるのと同じく、イヌにとって全く正常な行動なのです。

　子イヌを家に迎えて一緒に暮らし始める前に、あらかじめ知っておいたほうが賢明なのは、正常に発達している子イヌがどんな行動をするか、どんな行動や特徴を良くないと考えるべきかということです。そして子イヌの不適切な行動や気質をどのように修正していくかも知っておく必要があります。そのほうが子イヌにとってもフェアでしょう。具体的に言うと、子イヌにどこで排泄したらいいか、何を噛んだらいいか、いつ吠えたらいいか、どこを掘ったらいいかを教えることができ、また人に挨拶する

時は座ること、リードをつけて穏やかに散歩すること、要求されたら1ヶ所に落ちついて静かにすること、咬みつき行動を抑制すること、そして他のイヌや人、特に知らない人や子どもと一緒に過ごすのを心から楽しむことを教えることができなければいけません。

イヌはやっぱりイヌ。もちろん子イヌもイヌらしく行動します。つまり、噛んだり、掘ったり、吠えたり、ジェスチャーや「おしっこメール（ピーメール）」で会話したり、他のイヌのお尻を嗅いで過ごします。

　子イヌを飼う前に、あなたの子イヌに何をどう教えるかを知っておくことは決定的に重要です。そのためには、本を読んだり、ビデオを見たり、しつけ教室を見学したり、またもっと重要なこととして、できる限り多くの成犬に試しに接触してみてください。また、しつけ教室に来ている飼い主に声をかけて、どんな問題を経験しているか聞きだしましょう。新米（しんまい）の子イヌの飼い主たちは、自分の子イヌの問題にかけては何でもかんでも正直に話してくれます。

2章：学習の期限 その1

どんなタイプのイヌを？

　子イヌを選ぶ時には、どの犬種にするか、どれくらいの年齢で入手すべきかを初め、考えるべきことがたくさんあります。当然、あなた自身やあなたの生活様式に合ったイヌを選ぶべきでしょう。それを個々に説明するより、ガイドラインの重要なものをいくつか説明したいと思います。

　第1に、「完璧な」犬種を選び、「完璧な」個体を選びさえすれば、子イヌは自動的に「完璧な」成犬になるなどと甘えた考えを持ってはいけません。しかし、正しく社会化としつけさえすれば、どんな子

イヌも最高の仲間になれるはずです。一方、犬種や血統とは関係なく、正しく社会化やしつけをしていなければ、どんな子イヌも非行に走りかねません。子イヌを選ぶ時は、よく調べた上で賢い選択をしてください。それでもなお忘れてはならないのは、子イヌが成犬になった時あなたの理想のイヌの姿にどれだけ近づくかは、適切な社会化としつけ次第だということです。

　第2に、一番信頼できる筋（すじ）から情報を得ることです。よくある過ちは、獣医師に犬種の相談をしたり、ブリーダーに健康相談をしたり、きわめて重要な行動やしつけについて獣医師・ブリーダー・ペットショップの店員に助言を求めたりすることです。一番良い方法は、しつけや行動上の助言はトレーナーや行動カウンセラーに、健康の助言は獣医師に、犬種の助言はブリーダーに、商品の助言はペットショップの店員にお願いすることです。そして、現状を本当に知りたければ、お近くのしつけ教室をチェックして、飼い主たちと話をしてみてください。子イヌとの生活が実際はどんなものなのか、厳しい現実を突きつけてもらえることでしょう。

第3に、すべての助言を注意深く評価してみることです。常識で考えてみましょう。なるほどと思えますか？　家族やあなたの生活様式に合っていますか？　大部分の助言は妥当なものですが、現状にあてはまらないもの、偽善的なもの、説教くさいもの、疑わしいものもあるはずです。中には、「助言」とはとても呼べない、とんでもないものもあります。

例1：ブリーダーがある夫婦に、「フェンスつきの裏庭があって、夫婦のどちらかが1日中家にいなければ子イヌは売れない。」と言いました。それなのに、ブリーダー自身の裏庭にはフェンスはなく、20頭ばかりのイヌたちは家から35メートルほども離れた、人と接することもかなわないケネルで、クレートに入れられて暮らしていたのです。いったいどういうことでしょう？

例2：多くの人が受ける助言は、「マンション住まいなら大型犬は飼わないように」ということです。ところが事実は正反対です。定期的に散歩さえさせれば、大型犬はマンションにぴったりです。小型犬と

比べて、大型犬はより落ちついており、あまり吠えない傾向があるからです。小型犬の多くは、活動的で騒々しく、興奮してところかまわず走り回り、飼い主や隣人をいらだたせます。もちろん、落ちついて静かにするようしつけさえすれば、小型犬もマンションにふさわしい仲間になります。

例3：獣医師の多くは、「子どもにはゴールデン・レトリバーやラブラドール・レトリバーが最高だ」とアドバイスします。しかし、子イヌに子どもの接し方をしつければ、そして子どもにもイヌの接し方をしつければ、どんな犬種でも子どものすばらしい仲間になります！　しかし、しつけていなければ、ゴールデンであれラブであれ、どんなイヌも子どものおふざけに興奮し、おびえたりいらいらしてしまいます。

　これからずっと生活を共にする子イヌを選んでいるということを忘れないでください。一緒に暮らすのにどの犬種を選ぶかはとても個人的な選択です。あなたご自身で決めることです。また、あらかじめ学んでよく知った上で子イヌを選べば、無用な問題

や悩みの種(たね)はかなり減らせるでしょう。

　現実には、せっかくの助言にも耳を傾けず、理屈より感情で選んでしまう人が多いものです。実際、被毛(ひもう)の色、体型、かわいらしさから子イヌを選ぶ人が多いようですが、そうであっても、たいていは生涯の友として選ぶのとあまり違わないイヌを選ぶことにはなるようです。血統・体型・かわいらしさ・健康状態など、あなたがその子イヌに決めた理由はいろいろあったかもしれません。けれども、選んだ時の努力が究極的に報われるかどうかは、子イヌの行動としつけの教育にほぼ100％かかっていると言ってもいいでしょう。

雑種か純血種か？

繰り返しますが、どの犬種にするかは、あなただけが決められる個人的なものです。一番明らかな違いは、純血種は外見や行動が予測しやすいのに対して、雑種は1頭1頭が全く違うことです。

イヌの魅力・注意深さ・活発さなどの面であなたが何をお好みかはさておき、健康状態と寿命に関しては一考の価値があるでしょう。えてして、近親交配[*1]がない分、雑種のほうが遺伝的に健全といえます。つまり、雑種のほうが寿命も長く、健康上の問題も少ない傾向があります。一方、純血種のケネル

の利点は、選ぼうとしている子イヌの友好性、基本マナー、全般的な健康状態、寿命に関して、数世代をさかのぼって調べることができることです。

どの犬種にするか？

　私は特定の犬種を薦めることには絶対反対です。特定の犬種を薦めることは、一見して役に立ち特に問題もなさそうですが、実は非常に危険なことで、イヌにとっても、イヌを飼っている家族にとっても良くありません。特定の犬種を飼うよう薦められたり、飼わないように言われたりすることで、飼い主がそのイヌはしつけが不要だとか、しつけは不可能だとか思い込んでしまうことがよくあります。その結果、かわいそうにたくさんのイヌが教育を受けずに育つことになります。

　特定の犬種を薦められると、疑うことを知らない飼い主は、正しい犬種を選べば何もしなくていいと思ってしまいがちです。最高の犬種を選んだと信じて、しつけなんてわざわざしなくていいはずだと思

い込んでしまいます。そしてこの時点から、状況は悪化し始めるのです。

　もっと問題なのは、ある犬種を薦められると、自動的にそれ以外の犬種は薦められないことになることです。いわゆる「専門家」が、ある犬種が大き過ぎる、小さ過ぎる、活発過ぎる、おとなし過ぎる、すばしっこ過ぎる、のろま過ぎる、頭が良過ぎる、悪過ぎる、だから難しくてしつけができない、などと言うことがよくあります。いずれにしても、「ありがたい助言」があろうとなかろうと人は最初に飼いたいと思った犬種を選ぶことになるのは周知の事実なのですが。ところが、次に飼い主は、その子イヌをしつけるのは厄介で時間もかかりそうだからと、子イヌのしつけが憂鬱になってしまうことがあります。それに、専門家が言った理由のどれかを言い訳に使って、しつけをさぼってしてしまうこともあるのです。

　犬種選びはとても個人的な選択です。あなたの好きな犬種を選び、その犬種に特有の資質や問題を調べてください。そしてその上で、自分の子イヌを育て、しつけるのに一番良い方法を見つけてください。

一般的に育てやすい、しつけやすいと言われている犬種を選んだら、あなたの子イヌがその犬種の鑑(かがみ)、いわばあなたが選んだ犬種の代表と言えるようしつけましょう。逆に、育てしつけるのが難しいという評判の犬種にしたなら、とにかくしつけ、しつけ、しつけまくり、やはりあなたの子イヌがその犬種の鑑、代表になるようしつけましょう。

　最終的にどの犬種に決めたとしても、いったん決断をしたら、うまくいくかどうかは完全にあなたの腕次第です。いまやあなたの子イヌの行動や気質がどうなるかは、飼い方としつけに100％かかっています。

　いろいろな犬種を評価する際に、長所というのは明らかです。それより調べなければならないのは、その犬種の短所です。犬種（またはその血統）特有の問題の可能性を調べて、それにどう対処したらいいかを知っておくことです。特定の犬種の長所・短所について詳しく知りたければ、選んだ犬種から少なくとも6頭の成犬を見つけましょう。その飼い主たちにじっくり話を聞くことも必要ですが、もっと重要なのはあなた自身がイヌに会ってみることです！　イヌを調べてハンドリングしてみましょう。

そして一緒に遊んだり、何か作業をしてみましょう。そのイヌたちが見知らぬ人（あなた）になでられて喜ぶかどうか見ましょう。オスワリはしますか？ リードをつけてちゃんと歩くでしょうか？ おとなしいですか、騒がしいですか？ 落ちついて冷静でしょうか、興奮しやすく乱暴でしょうか？ イヌたちの耳・目・お尻を調べられますか？ マズル*2を開けさせることはできますか？ ロールオーバー*3をさせられますか？ 飼い主の家の中や庭はめちゃくちゃにされていませんか？ そして一番大切なことですが、そのイヌたちは人や他のイヌのことが好きですか？

　子イヌが生後8週齢で家に来ても、ものすごい早さで成長してしまいます。ですからどんなことが起こりうるか、あらかじめ予測しておくのが賢明でしょう。実際、子イヌがあなたの家に来てからほんの4ヶ月もたてば、生後6ヶ月齢の青年期のイヌになります。この時点では体の大きさ・力・動きの速さは成犬並みになった反面、学習という面ではまだまだ子イヌのままです。あなたの子イヌが迫り来る青年期に突入してしまうまでに、子イヌに教えておくこ

2章：学習の期限 その1

とは山ほどあります。

　性格・行動・気質の面で、同じ犬種のイヌにもかなりの個体差があることに留意してください。もしあなたに兄弟がいたり、子どもが2人以上いたら、同じ両親から生まれたのに、それぞれびっくりするほど気質や性格が違うことはご存知でしょう。イヌもそうなのです。実際、一緒に生まれた兄弟でも、それぞれの行動の特徴は、犬種による違いと変わらないくらい異なります。

基本的なハンドリングレッスンは、いろいろなイヌを試しに扱ってみる上で一番大切なことです。イヌの耳・マズル・足を調べながら、それぞれのイヌがやさしく押さえつけられる（抱きしめられる）のを喜ぶかどうかも確認しましょう。

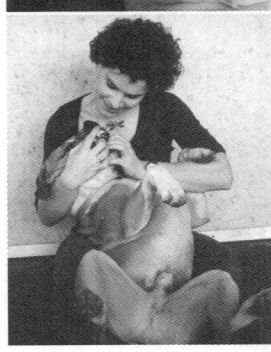

家庭で望まれる行動や気質を育むことができるかどうかは、遺伝というよりも環境的な要因（社会化としつけ）が大きく影響します。たとえば、よい（教育を受けた）マラミュートと悪い（教育を受けていない）マラミュートの気質の差や、よい（教育を受けた）ゴールデンと悪い（教育を受けていない）ゴールデンの気質の差は、経験と教育が同程度のゴールデンとマラミュートの気質の差よりはるかに大きいのです。あるイヌの行動や気質が将来どうなるかは、そのイヌの教育（社会化としつけ）が決定的な要因となります。

　今お話したことはしっかり理解しておいてください。しつけが必ずしも遺伝よりイヌの行動に大きく影響すると言っているわけではありません。しかし、

著者イアン・ダンバー、"ドッグ・スター"のムース、そのトレーナーのマチルド・ドキャニー。サンディエゴ・ペットドッグトレーナー協会会議で。

家庭犬の望ましい行動は、ほとんどすべて社会化としつけによって作られることは確かです。たとえば、イヌの多くは遺伝的理由から吠えたり、咬みついたり、マーキング*4したり、尾を振ったりしますが、これは彼らがイヌだからです。しかし、吠える回数、咬みつきの深刻さ、マーキングの場所、どれだけ一所懸命に尾を振るかは、そのイヌの社会化としつけにかなり左右されます。つまり、あなたの子イヌが家庭でうまくやっていけるかどうかは、あなた次第なのです。

映画スターのイヌ

犬種を選ぼうとしている時に、映画やテレビに出ている有名なイヌに惑わされてはいけません。こうしたイヌは、高度なしつけを受けた俳優犬なのです。実は、"ラッシー"は少なくとも8頭の異なる俳優犬が演じたものです。このイヌたちは演技をしており、しばしば役柄に求められるところに応じて、実際の犬種の特徴や個性が隠れてしまっています。これは、

アンソニー・ホプキンスが『羊たちの沈黙』でハンニバル・レクターを演じたり、『永遠の愛に生きて』でC.S.ルイスを演じたりするのと全く同じです。つまり、この2者はぜんぜん違う役柄で、かつどちらも私たちが本当のアンソニー・ホプキンスだと思っている像ともかけ離れているのです。これが演技というものです。ある意味では、あなたのイヌにも、生活中のいろいろな状況に応じて（たとえば居間や公園で）適切に演じ分ける方法を教える必要があると言えるでしょう。

　エディ（ムース）はテレビ番組『そりゃないぜ！？フレイジャー』のセットでは穏（おだ）やかで抑制の効いたイヌに見えますが、これは元来（がんらい）やんちゃなムースが、エディ役を演じるために、穏（おだ）やかで抑制の効いたイヌとしてふるまうよう訓練されたからです。また、エディのテレビ用の表情、身についた社交性、魅力的な物腰（ものごし）、演技力などは、本来怠（なま）け者のエディの素顔をうまく覆い隠しています。

2章：学習の期限 その1

　ここにご存知ムースと彼のトレーナー、マチルド・ドキャニーさんのインタビュー記事、「イヌの会話※」からの抜粋をご紹介しましょう。（※この抜粋は出版社の許可を得て、The Bark誌より転載）

イアン：　ムースって、ほんとはどんな子なんですか？
マルチド：ムースはちょっと普通じゃないのよ！　私のところに来たのは2歳の頃だったけど、当時は手におえないおそるべき乱暴者だったわ。わがままでいたずらばかりして欠点だらけ。いつも脱走の機会をうかがっていて、リスを見れば追いかけ、ゴミを見ればもぐり込み、イヌを見ればケンカするでしょ。リコール[*5]なんて全然できなかったのよ。戻って来なさいって呼んでも、絶対来やしない。ムースを何とかしようと努力した人は私が初めてじゃなかったの。どこにでもおしっこはするし、本当にもう……。
イアン：　人間の映画スターにもよくありますよね。
マルチド：うまいこと言うわね！　でもムースは本当に変わったわ。今じゃ別人だわ。トレーニングにも熱心だし、忙しいのが好きなの。もともとは短気で、我慢のガの字もなくて、いつも「僕がやる、僕がやる、今やる、今やる！」って感じだったのよ。だから何年もずっと、もっとがまん強く、もっとやさしくって教えてきたの。初めはおそろしく頑固で、なでられるなんてまっぴらって感じだったのよ。私の前にも飼い主が何人もいたけど、ムースがあまりにひどくて手におえなくなってしまって。それが今じゃとってもやさしいイヌになったわ。

いつ子イヌを飼うか？

　当然、まだ準備ができていないうちはダメですが、実際にはあなたがイヌについて学び終わった時こそが子イヌを飼う時です。

　重要なポイントは子イヌの年齢です。大部分の子イヌはある時点でもとの家庭（自分の生まれた）から新しい家庭に移って、新しい人と生活を共にするようになります。その子イヌがいつ家庭を移るのが一番良いかは、子イヌが精神的に求めるもの、この上なく重要な社会化のスケジュール、それぞれの家庭のイヌに関する専門的知識など、いろいろな要素に左右されます。

　生家（せいか）から離れることは、子イヌの心に癒しがたい傷を残すことがあります。ですから、子イヌの精神的トラウマを最小限にとどめることが最優先課題です。子イヌが生家から離れるのが早過ぎると、子イヌ同士や母イヌとの初期のふれあいを逃してしまいます。また、新しい家での初めの数週間は、イヌ社会から隔離（かくり）されてしまうことが多いため、子イヌは

イヌに対して社会化不足のまま成長してしまう恐れがあります。他方、子イヌが生家にとどまる期間が長くなり過ぎると、同腹の兄弟や親への愛着が強まり、引き離しにくくなります。一方、子イヌを生家から離すのが遅れると、新しい家族への社会化という大変重要なことにも遅れが出てしまいます。

　生後8週齢という時期は、子イヌを飼うのに最適なタイミングとして長年考えられてきました。生後8週齢までには、母親や同腹の兄弟との間で、イヌ同士の社会化が十分に進みます。ですから、子イヌを家に迎えてからしつけ教室やドッグパーク*6で安全に他のイヌと遊べる年齢になるまでの間は、他のイヌとの交渉をいったん中断しても差し支えありません。また生後8週齢であれば、新しい家族と強い絆(きずな)を築くのにも十分に間に合います。

　その子イヌが長めに生家にとどまるほうがいいか、早めに家を出て新しい飼い主と暮らし始めるほうがいいかを判断する決め手は、どちらの家庭がイヌに関する専門的知識が深いかによります。ブリーダーは専門家、飼い主は全くの素人(しろうと)というのが一般的な考え方で、そういう意味では子イヌをできるだ

け長くブリーダーの手元に置いておくことには一理あります。一般的に、良心的なブリーダーであれば、初めての飼い主と比べて、子イヌの社会化にも、排泄のしつけにも、噛むおもちゃのトレーニングにもより長（た）けているでしょう。このようなブリーダーであれば、子イヌがある程度ブリーダーのところで成長してから家に迎えることにも意味があるわけです（実際私は、初めてイヌを飼う人に「子イヌではなく、社会的に成熟していて、良くしつけられた成犬を飼うことも考えてみましたか？」とよく質問するくらいです）。

　もちろんこれは、ブリーダーに優れた専門的知識がある場合です。ところが、残念ながら飼い主にもすばらしい人、平均的な人、初心者、無責任な人がいるように、ブリーダーにもすばらしい人、平均的な人、初心者、無責任な人がいるのです。飼い主が経験豊かで、ブリーダーに平均以下の力しかない場合は、できるだけ早く、遅くとも生後6－8週齢までには子イヌを新しい家に引き取るのが得策でしょう。あなたに子イヌを育てる十分な資質があると思われるのに、もしブリーダーに「生後8週齢までは

子イヌは引き渡せない」と言われたら、他のブリーダーをあたりましょう。忘れないでください。あなたは自分と生活を共にする子イヌを探しているのです。ブリーダーと暮らしていく子イヌを探しているのではありません。実際、平均以下のブリーダーに育てられると、社会化、人への友好性、しつけといった面でも平均以下の子イヌになってしまいます。それを考えると、やはり他をあたったほうがよさそうです。

　動物保護施設や動物保護団体から成犬を譲り受けるのは、子イヌから育てるのとはまた違うすばらしい選択肢かもしれません。こういった施設にいるイヌの中には、良くしつけられていて、住む家が必要なだけというイヌもいるからです。一方、いくつか行動問題があって、成犬になっていても子イヌ向けの教育を受ける必要があるイヌもいます。純血種のイヌもいますが、大部分は雑種です。動物保護施設や動物保護団体で良いイヌを見つける鍵は、一にも二にも、とにかく選びぬくことです！　よさそうなイヌを見つけたら、必ず時間をとって1頭ずつ試しに扱ってみましょう。1頭1頭すべて違うのですから。

どこで子イヌを手に入れるか？

　子イヌを専門のブリーダーから選ぶ時でも、一般の家庭に生まれた子イヌの中から選ぶ時でも、基準は同じです。第1に、人の影響を十分に受けて育ってきた子イヌを探しましょう。人との接触があまりない環境で機械的に育てられた子イヌはやめておきましょう。家の中で一緒に暮らすイヌがほしいのですから、家庭的な環境で育てられた子イヌを探すべきです。第2に、飼おうとしている子イヌはどの程度社会化と教育が進んでいるか判断します。犬種、繁殖方法、血統に関係なく、生後8週齢にもなって社会化としつけが相応に進んでいないようであれば、すでにその子イヌの発達はもう遅れてしまっていると言えます。

良いブリーダーの選び方

　良いブリーダーというのは、自分の子イヌの買い手をうるさく選り好みするものです。これから子イヌの飼い主になる人も、ブリーダーを選ぶ時には同じくらいうるさく選ぶべきでしょう。これからイヌを飼おうとする人はまず、ブリーダーが子イヌの外見より、情緒面・身体面の健康を重んじているかどうかで、その専門的知識を判断してください。そこで、次の点を見分けましょう。

(1) ブリーダーの飼っている成犬がどれも人に友好的でよくしつけられているか。

(2) 飼おうとしている子イヌの両親、祖父母、曽祖父母、その他の親族が長生きしているか。

(3) 飼おうとしている子イヌがよく社会化され、しつけられているか。

　友好的なイヌは一目でわかりますから、その子イヌの血縁のイヌにできるだけたくさん会いましょう。友好的なイヌというのは、良いブリーダーが十分にイヌを社会化させた証拠です。

子イヌしか見せようとしないブリーダーには要注意です。その理由の第1は、良いブリーダーなら、あなたが成犬と仲良くできるかどうかを確認するまでは、子イヌには指一本触れさせないものです。そして、良いブリーダーなら、あなたが成犬をうまく扱えなければ子イヌを渡してくれません。子イヌはほんの数ヶ月後には成犬になってしまうのですから。第2に、とても愛くるしい子イヌたちに夢中になってしまう前に、自分が飼おうとしている子イヌの家族や血統の成犬を、できるだけ多く評価しておくべきだからです。もしどの成犬も人なつこくてお行儀がいいなら、おそらくそのブリーダーは「当たり」だと思って差し支えないでしょう。

　いろいろなブリーダーを評価する際には、ブリーダーのもとにいる子イヌの行動・気質の評価が決め手となります（学習の期限その2を参照）。これと同様、良い子イヌを見つけられるかは、良いブリーダーを見つけられるかどうかにかかっています。子イヌの体・行動・気質はすべてブリーダーの専門的知識を示すものです。ですから、良いブリーダーを探すのと、質の高い子イヌを探すのは、かなり連動した作業なのです。

2章：学習の期限 その1

　そのケネルで育てている系統のイヌの寿命を見れば、そこのイヌの健康、行動、気質は判断できます。飼おうとしている子イヌの両親、祖父母、曽祖父母、その他の血縁がまだ健在か、あるいは長生きしたかどうかを確認しましょう。良心的なブリーダーであれば、過去に自分のところで子イヌを買った人や、あなたが飼おうとしている子イヌと同じ血統のイヌを取り扱っている別のブリーダーの電話番号を教えてくれるはずです。もしそのブリーダーがイヌの寿命や犬種特有の疾病例などを教えたがらないなら、他のブリーダーをあたりましょう。きっといつかはあなたの心配に応えてくれるブリーダーが見つかります。幼い子イヌに心を許してしまう前に、まず元気で長い人生を一緒に暮らせる子イヌかどうか確認しておきたいものです。また、行動・気質問題を抱えたイヌは一般に短命なことから、長生きのイヌは良い気質で、よくしつけられていると考えられます。

あなたが、ブリーダーではなくペットショップなどの販売業者からイヌを購入しようとする場合も、選ぶ時のポイントは同じです。よい業者であれば、その子イヌの健康状態、気質、行動、さらに社会化と教育がどの程度進んでいるか、あるいはその犬種特有の疾病例など、包み隠さず懇切丁寧に説明してくれるはずです。もちろん、あなた自身がその子イヌをよく観察し、実際に扱うことを必ず行った上で判断しましょう。

子イヌか成犬か？

あわてて子イヌを手に入れてしまう前に、成犬の里親(さとおや)になることを検討だけでもしてはどうでしょうか。もちろん、子イヌから飼うことにはいくつか利点があります。その最たるものが、飼い主自身のライフスタイルに合うように子イヌの行動や気質を形づくっていけることです。これはもちろん、新米の飼い主がしつけ方法を知っており、しつけの時間が取れることが前提です。しかし、それが無理なこともあります。そのような場合は、青年期のイヌや成犬でケネルクラブのオビーディエンス[*7]のタイトル保持犬やCGCテスト[*8]をパスしたイヌのほうが、いろいろな意味で子イヌより適した仲間になるかもし

2章：学習の期限 その1

れません。共働きの家庭で、みな忙しくて家族全員が集まること自体がほとんどないような場合は特にそうです。

幼い茶色のオリバー（シカゴハイツ動物愛護協会から生後9ヶ月齢でもらわれてきた）は、更正してNPD（ほとんど完璧なイヌ）になりました。

テーター・トット（2歳でもらわれた）は、KPIX「深夜劇場ペットのばかばかしい芸」コンテストで1等賞をとり、K9ゲーム®・9の「イヌと一緒にワルツを踊る」競技で優勝しました。

白髪の老犬アシュビー（10歳で安楽死させられるところを救われた）は、ヴィラ・フェニックスでとても幸せな晩年を送りました。

茶色の大型犬クロード（サンフランシスコ動物虐待防止協会から生後1歳で、最近もらってきた）はまだまだ手がかかります。でもレタスをもらうためならすばらしいオスワリをしますよ！

　加えて、2歳（またはそれ以上）の成犬ともなると、良くも悪くも、習性・マナー・気質はすでにできあがっています。特徴や習性は変わることもあるとはいえ、幼い子イヌの行動の変わりやすさと比べたら、成犬のいったん身につけた良い習性は簡単には変わりません。これは成犬の悪い習性が壊れにくいのと同じです。ですから保護施設の成犬を何頭も

試しに扱ってみて、何の問題も持っていない、あなたの気に入る性質のイヌを選ぶことは可能なのです。ぜひ、この選択肢も一度検討してみてください。

> 　さて、まだ子イヌを育てしつけようという気持ちに変わりがなければ、まずご自身をしつけておいてください。子イヌの育て方を学習してからでないと、子イヌを飼うべきではありません。完璧に育つはずの子イヌを、ほんの数日でダメにしてしまう場合もあることをお忘れなく。
> 　子イヌから飼うとしても、成犬の里親になるとしても、かかりつけの動物病院に予約してあなたの子イヌ（または成犬）の虚勢／避妊手術をしてもらってください。とにかく、捨てイヌが多過ぎます。毎年、何百万頭というイヌが安楽死させられています。もうこれ以上、この数字を増やさないでほしいのです。

買い物リスト

あなたのイヌについての勉強が終わったら、今度は飼おうとする子イヌのために買い物をする時です。いろいろなしつけの本、ペットショップ、イヌのカタログにはイヌ関連商品やしつけ用品が満載で、あまりの多さに圧倒され困ってしまいます。ですから、ここに必須アイテムを挙げ、私の個人的なお薦め品を（　）に記載しておきました。

1. クレート（ペットシャトル、ペットケイジ）。運動用の囲いや、赤ちゃんが入って来られないようにするゲートがあってもよいでしょう。14ページ参照。
2. ドッグフードとトリーツを詰める噛むおもちゃ（コング製品*10や骨）最低6個。97、105、122ページ参照。
3. イヌ用トイレ　117ページ参照。
4. 水入れ
5. ドッグフード。あなたの子イヌが家にやって来てから数週間は、子イヌにはすべてのフードを噛むおもちゃに詰めて与えるか、社会化としつけのごほうびとして手から与えるようにしましょう。食器を買い与えるのは、子イヌの社会化としつけが完了し、非の打ちどころがないマナーを身につけてからにします。
6. フリーズドライ・レバー*11。男性、見知らぬ人、子どもがあなたの子イヌの信頼を得られるように。また、排泄のしつけのごほうびとしても。
7. 首輪とリード。

2章：学習の期限 その1

【訳注】
* ＊1 近親交配 inbreeding 集団の中でも強い血縁関係にあるものの間の交配。近親交配により遺伝子のホモ化が進み、集団の遺伝性斉一性が高まるが、個体の近交度が高まると生物としての適応性が低下し、繁殖性、強健性、発達性などの能力が低下することがある（近交退化）。
* ＊2 マズル muzzle 鼻先から額のつなぎ目のくぼみの部分までを指す。「口吻(こうふん)」とも言う。
* ＊3 ロールオーバー rollover イヌに教える基本マナーの1つ。イヌに寝転がって1回転させたり、途中で止めて仰向けにさせたりする。これを教えておくと、獣医師やトリマーがイヌの体を調べる時に便利である。
* ＊4 マーキング marking 匂いづけ。動物のコミュニケーションの1つで、糞や尿、あるいは匂い腺からの分泌物によって匂いづけをし、縄張りの主張など互いに情報伝達をしている。
* ＊5 リコール recall 「オイデ」とイヌを呼び戻す。
* ＊6 ドッグパーク dog park 飼い主とイヌが一緒に中に入れて、リードなしでも遊べる公園。日本にはまだ数少ない。
* ＊7 オビーディエンス obedience イヌに人とうまく暮らしていくためのルールを教えることを目的とした一連の「しつけ」を指す。具体的には、オスワリ・フセ・マテ・ツケなどの基本的なコマンドを教えたり他のイヌと遊ばせたりする。ケネルクラブ・各犬種クラブのオーディエンス競技会は、しつけの学習度を競うもの。
* ＊8 CGCテスト Canine Good Citizenship Test （イヌに善良な市民の資質を問うテスト）AKCによって行われており、飼い犬を対象にそのマナーと品行をテストする。
* ＊9 K9ゲーム® 獣医師であり、動物行動学者でもあるイアン・ダンバー博士（著者）が考案したドッグトレーニングゲーム。徒競走やイス取りゲーム、モッテコイ競争など、トレーニング項目別に異なるゲームにデザインしたもので、犬が人と暮らすために必要となる資質やマナーを、飼い主も犬も楽しみながら身につけられることを目的としている。
K9ゲーム®オフィシャルサイト http://www.pet-dog-training.jp/

＊10 コング製品　Kong products　天然ゴム製の中が空洞の噛むおもちゃ。中に食べ物を詰めて、噛むおもちゃのトレーニングに使用する。
＊11 フリーズドライ・レバー　freeze dried liver　イヌのしつけのごほうびとして嗜好性が高く有効とされる。フリーズドライ製法で作られたレバー風味のおやつ。排泄のしつけや、難しいことをやり遂げた時の特別なごほうびとして使用したり、噛むおもちゃのトレーニングで、噛むおもちゃの先に詰めるものとして使用できる。

2章：学習の期限 その1

3章 学習の期限 その2 子イヌの発達を判断する

BEFORE:子イヌを飼うまえに

〜あなたの子イヌを選ぶ前に〜

新しい子イヌが生後8週齢であなたの家にくるとすると、それまでには、子イヌは家庭環境（特に騒音を出すもの）に慣れており、人にも十分社会化されていなければなりません。同様に、排泄のしつけ、噛むおもちゃのトレーニング、基本的マナーの教育も十分進んでいなければなりません。そうでなかったとしたら、あなたが飼おうとしている子イヌの社会的・情緒的発達はすでに深刻に遅れてしまっており、残念ながらあなたは生涯をかけてその遅れを取り戻そうと奮闘することになります。そしてあなたの子イヌはこれからずっと、社会化・しつけの矯正が必要となるでしょう。

絶対に確認しておいていただきたいのは、家の中で、しかも人に直接接し、時間をかけてしつけられて育ったかどうかです。

イヌが新しい家庭で人と一緒に暮らすとしたら、当然これまでも家庭で人と一緒に育っている必要があります。あなたの子イヌは、日常、家庭で耳にするうるさい音に慣れておかなければなりません。掃除機がガーガーいったり、台所で鍋や釜がガシャンと落ちたり、テレビのスポーツ番組から熱狂的な叫

び声が聞こえたり、子どもがギャーギャー泣いたり、大人が口論しあったりといった音です。まだ耳や目が発達しきっていないうちからこういった刺激にさらされておくことで、子イヌ（まだ視界がぼやけて耳が聞こえにくい）は、しだいに見聞きするものに慣れていき、大きくなっても怖がらなくなるのです。

　裏庭・地下室・納屋（なや）・ガレージなど、社会から隔絶（かくぜつ）した場所で育てられた子イヌを選ぶのは賢明ではありません。こうした場所では子イヌが人と接する機会はほとんどない上に、生活の場を排泄物で汚したり、キャンキャン吠えまくったりするのが当然になっているからです。物理的に居場所を隔離され、社会からも半分隔絶した状態で育てられてきた子イヌは、家の中で暮らす準備ができているとはとうてい言えず、特に男性や子どもと接するのはとても無理です。どう考えてもペット向きではありません。こうしたイヌはいわば、食肉用子牛や養鶏場のメンドリのような家畜と一緒です。他をあたりましょう！　台所や居間で生まれ育った子イヌを探しましょう。

　家の中で一緒に暮らすコンパニオン・ドッグがほ

しいのなら、当然ケージの中ではなく、家庭で育ったイヌが望まれます。

良い子イヌを選ぶには

　知らない人（すなわち、あなたと家族）にハンドリングされても不安がらない子イヌを選びましょう。また、生後4週齢までに、音に対して十分に脱感作*1されていなければなりません。また排泄のしつけも相応に進んでいて、噛むおもちゃ（パピーフードの詰まったもの）が大好きになっており、要求されたら喜びいさんで「オイデ」「ツイテコイ」「オスワリ」「フセ」「ロールオーバー」ができるようになっていることが望まれます。

　子イヌを飼う上で一番肝心なのは、さまざまな人、特に子ども、男性、見知らぬ人に定期的に（1日数回）子イヌをハンドリングやジェントリングしたり、なだめてもらうことです。このレッスンは幼い時期に行うことが特に重要です。また、見知らぬ人に触れられた時気難しいので有名な犬種の場合、特に忘

れてはいけません。たとえばアジア犬種（日本犬種）のいくつか、牧羊犬・作業犬・テリア犬の多く、つまりほとんどの犬種がこれにあてはまるわけです！

　どんなイヌでも2番目に重要な形質＊は、人との接触を楽しめることです。具体的には、誰にハンドリングされても喜ぶことです。特に子ども、男性、見知らぬ人からハンドリングされることを喜ぶことです。早期の社会化で、成犬になってからの深刻な問題は簡単に予防できます。

＊　イヌに求められる形質でも一番大切なのは、幼犬期のうちに咬みつきの抑制と甘咬みを発達させることです。

ハンドリングとジェントリング

　もし抱きしめられるのを喜ぶ成犬がほしいなら、子イヌの頃から日常的に抱きしめておくことです。たしかに、新生児期の子イヌはこわれそうなくらい無力で、ほとんど歩けませんし、感覚機能も発達していません。それでも、すでにこの時期から社会化

は必要です。新生児期の子イヌは極めて感受性が強く影響を受けやすいため、ハンドリングに慣らすには絶好の時期なのです。まだ目ははっきり見えず耳もよく聞こえていませんが、匂いを嗅(か)いだり物に触って感じることはできます。新生児期や幼犬期初期の社会化はこの上なく重要ですから、やさしく注意深く行いましょう。

---

*1日に何人の人に子イヌがハンドリングやジェントリングされ、一緒に遊んでもらっているか、ブリーダーまたは販売業者にたずねましょう。
*特にその中に子ども・男性・見知らぬ人が何人いるかを訊(き)いてください。
*子イヌを1頭ずつハンドリングして、抱きしめられる(やさしく押さえつけられる)ことを喜ぶか見てみましょう。具体的には、首・マズル・耳・足・お尻をなでられたり、マッサージされた(調べられた)時の反応をみます。

アルファー・ロールオーバー？？？

　体罰に頼ったトレーニング法を支持するトレーナーは、幼い子イヌの両頬(ほほ)をつかみ、仰向けにして、力ずくで押さえつけ、子イヌが嫌がってもがくかどうかみるようにと言います。この方法を彼らは「アルファー・ロールオーバー」と呼んでいます。これはくだらないばかりか残酷(ざんこく)です。もしあなたが体重900キロもあるイヌに急に襟元(えりもと)をわしづかみにされて、怖い顔でにらみつけられたらどんな気がしますか？　逃げようとしてもがくか、でなければきっと恐怖で力が抜けて失禁(しっきん)してしまうでしょう。こんなばかばかしいしつけ方法でわかるのは、人が子イヌをおどかすと怖がること、そして怖がった子イヌは逃げようとしてもがくか、力が抜けてしまうということだけです。

　たしかに、あなたが飼おうと思っている子イヌが、どの程度ハンドリングや押さえつけられるのを喜んで受け入れられるかを判断する必要はありますが、だからといって死ぬほど驚かせなくてもいいでしょう。単に子イヌを抱き上げ、やさしく胸元で抱きしめるだけで十分です。子イヌがリラックスしてぬいぐるみのように力を抜くか、嫌がって蹴(け)ったりもがいたりするかは、すぐにわかります。もし子イヌがもがくようなら、なだめるようにやさしく両目の間をなでたり、耳や胸をマッサージしたりして、どれくらいで子イヌが落ちつくか確認しましょう。

健全な感受性

　子イヌの目や耳が完全に機能するようになるずっと前から、いろいろな音にさらしておくべきです。音に敏感な牧羊犬やオビーディエンス競技で成績のよい犬種の場合は、特に気をつけましょう。

　子イヌが音に反応するのは全くあたり前のことです。ここで判断しようとしているのは、それぞれの子イヌがどの程度の反応を示すか、そして立ち直るまでにどれくらい時間がかかるかです。たとえば、突然大きな音がしたら子イヌが反応するのは当然ですが、だからと言って、狂ったようになったり、いつまでも騒いでほしくはありません。ですから、子イヌは音に対して正常な反応をしているだけか、もしくは過剰に興奮しているのか、また出されたトリーツに近づいて取るまでにどれくらい時間がかかるか（立ち直るまでの時間）を見てみましょう。ブルドッグ系のイヌであれば瞬時に、作業犬やテリア犬でも短時間で立ち直るでしょう。これに対して小型犬や牧羊犬の場合、もっと立ち直りに時間がかかる

と思ってください。しかし、犬種やタイプとは関係なく、子イヌが過剰反応したり、パニックになったり、立ち直りにあまりに時間がかかる場合は、すべて社会化が不十分だという証拠です。子イヌのうちにうまく矯正(きょうせい)しなければ、成犬になった時に過敏で一緒に暮らしにくいイヌになってしまうかもしれません。

＊子イヌがどれくらい生活音に慣れているかを訊(き)いて確認しましょう。

＊具体的にブリーダーに訊くのは、突然の大きな音、たとえば大人のどなり声、子どもの泣き声、テレビ（スポーツ中継の男性のどなり声や叫び声など）、ラジオ、音楽（カントリー、ウエスタン、ロック、クラシックのたとえばチャイコフスキー1812番序章など）に子イヌが慣れているかどうかです。

＊男性の話し声、子どもの話し声、人の笑い声やうそ泣き、口笛、「シィーッ」という声、両手をパチンとたたく音など、いろいろな騒音に子イヌがどんな反応を示すか見てみます。

家庭のルール

　子イヌの同腹の兄弟が受けている「失敗させない排泄のしつけ[*2]」と「噛むおもちゃのトレーニング」がどの程度進んでいるか確認しましょう。子イヌたちを少なくとも1時間は観察し、それぞれの子イヌが何を噛み、どこに排泄しているかに注目してください。

　子イヌ用のトイレがなく、子イヌの居場所一面に新聞紙が敷かれている場合、子イヌに紙の上で排泄したいという強い癖がついてしまうので、新しい家では特別な排泄のしつけが必要になります。

　また、子イヌ用のトイレがなく、藁（わら）または細かくちぎった紙を一面にばらまいている場合、子イヌはどこに排泄してもいいと理解してしまうでしょう。そして、あなたの家でもそうするはずです。このような条件で育てられた期間が長いほど、この子イヌに排泄のしつけをするのは難しくなります。

＊具体的には、ドッグフードを詰めた中が空洞（くうどう）の噛むおもちゃ（コング、ビスケットボール、消

毒した骨など）を子イヌが使っているかをチェックします。

＊また、子イヌたちの生活の場に置いているイヌ用トイレを使っているかもチェックします。子イヌが床の上にした糞尿(ふんにょう)の量と比べて、トイレにした糞尿の量を比べてみれば、子イヌがあなたの家に来た時どこに排泄するか予想できるでしょう。

基本マナー

その子イヌと同腹の兄弟がどれぐらい指示に従うようになっているかを確認してください。ブリーダーに頼んでオイデ・オスワリ・フセ・ロールオーバーなど基本的な指示をしてもらい、子イヌの習得具合を見せてもらいましょう。

＊具体的には、ドッグフードの粒やコングをルアーやごほうびとして使って、ルアー／ごほうびトレーニングをしてみます。そして、それぞれの子イヌがどんな反応をするか見てみましょう。

個人的好み

　子イヌを選ぶ時にとても大切なのは、家族全員が「そのイヌがほしい」と言うことです。家族全員が一番気に入る子イヌで、子イヌのほうも家族全員を気に入ってくれるとよいでしょう。家族みんなで静かに座り、どの子イヌが真っ先に近寄って来るか、またどの子イヌが一番長い間自分たちのまわりにいたか見ます。

　これまで長年断定的に言われてきたのが、真っ先に近寄って来て、跳びつき、人の手に咬みつく子イヌは、攻撃的でしつけが難しいためペット向きではないということです。ところが事実は逆で、こうした子イヌは、生後8週齢の子イヌとしては正常でよく社会化されてはいるものの、まだマナーが身についていないため、子イヌらしいやり方でしかあいさつできないだけなのです。ごく基本的なトレーニングで、この興奮気味の元気あふれる子イヌを上手に矯正(きょうせい)してやれば、しつけ教室で一番早くリコールもオスワリもできる子イヌになるでしょう。また、子

イヌの頃に咬みつくことは正常でなくてはならない行動です。事実、子イヌの頃にたくさん咬みついたイヌのほうが、成犬になった時にやさしく傷つけずに咬めるようになります（詳しい説明については『子イヌを飼ったあとに』または『イヌの行動問題としつけ』「咬みつく（防御的攻撃）」の章をお読みください）。

子イヌを選ぶ時には少なくとも2時間はかけてください。生後8週齢の子イヌであれば、約90分おきに極端にハイテンションになったり、反対にすっかり疲れておとなしくなるのを繰り返します。とにかく、その子イヌのさまざまな行動を十分に把握しておくことが大切です。

私は、こういった少々荒っぽい子イヌよりも、なかなか近づいて来なかったり、隠れて出てこない子イヌのほうが心配です。よく社会化されているはずの生後6−8週齢の子イヌが、シャイで人に近づきたがらないというのは、まさに完璧に異常だと言わざ

3章：学習の期限 その2

るをえません。その子イヌがシャイだったり怖がりだったとしたら、間違いなく十分には社会化されていないからです。あなたが本気でシャイな子イヌを引き取るつもりなら、必ず家族ひとりひとりが子イヌをなだめすかして近づかせ、手からトリーツを与えられるようになってからにしてください。シャイな子イヌには、毎日入れ替わり立ち替わり見知らぬ人が来て、手からドッグフードを与える必要があるため、かなり時間がかかることを覚悟しなければなりません。この子イヌを矯正しようとしたら、家に迎えてから1ヶ月の間は間違いなく途方もない苦労の連続でしょう。

　子イヌを去勢・避妊すべきか、ショードッグとして育てるべきかといったことについて、自分の考えを押しつけようとするブリーダーには気をつけましょう。子イヌはあくまであなたと一緒に暮らすのだということを忘れないでください。子イヌを育てるのはごく個人的なことです。ですから、去勢・避妊をするか、ドッグショーに出陳するかを決めるのも、当然あなたです。

　とはいえ、子イヌを去勢・避妊することは、ぜひ

検討してください。米国では動物保護施設だけで、1年間に何百万頭ものイヌが安楽死（つまり殺処分されて）しています。これはどう考えても多過ぎます。イヌにとっても、収容施設で働く動物好きの職員にとっても、全くフェアではありません。こんなかわいそうなイヌをこれ以上増やさないでください。あなたの子イヌはぜひ、去勢・避妊するようお願いします。

　また、とてもお勧めしたいのは、競技会、ラリー、フリースタイルのオビーディエンス、アジリティー[*3]、カーティング[*4]、フライボール[*5]、フリスビー[*6]、K9ゲーム、サーチ＆レスキュー、犬ぞりレース、トラッキング[*7]など、イヌと一緒にできるすばらしい活動を経験することです。

ひとりっこの子イヌ

　ほとんどの子イヌは、生後8週齢になるまでに母親や同腹の兄弟と過ごすことで、十分に社会化されます。しかし、子イヌがひとりっこだったり、他の

イヌと出会うことがなければ、遊ぶ機会（「ケンカ遊び」と「咬みつき遊び」をする機会）が不足するため、最優先で子イヌに咬みつきの抑制を教えなければなりません。子イヌが生後3ヶ月齢になったらすぐに、しつけ教室に入れましょう。子イヌが甘咬みを発達させ維持するには、イヌ同士で遊ばせて社会化を進めることが不可欠です。

一般的な落とし穴

「前に飼っていたのは完全に信頼できるイヌだったのに」

　おそらくあなたは運が良かっただけで、たまたま完璧になる素質のあるイヌを選んだのでしょう。または、あなたのしつけ方がうまかったのかもしれません。でも、前回どんなことをしたか、今でも思い出せますか？　また、同じしつけを今度のイヌにしてやる時間はありますか？

「前に飼っていたイヌは子どもが大好きだったのに」

　小さい子どものいる家族で、初めて飼ったイヌを

すごくかわいがり、時間をかけてじっくりしつけました。家族みんなでしつけ教室に通い、自宅で何度もパピーパーティーを開いて、子どもの友だちを何人も呼びました。とてもたくさんの子どもたちとゲームをしたり、ごほうびトレーニングをしたりして一緒に過ごしたため、当然このイヌは子どもが大好きになったのです。このイヌは子どもたちが育ち、高校を卒業していくのを満足げに見守り晩年を過ごしました。その後、夫婦が2頭目のイヌを飼い始めた頃には、子どもたちはみな親元を離れていました。新しい子イヌは子どものいない世界で育ちました。こうして平穏無事に何年も過ぎていったのですが、問題は孫たちがやってきた時に起きたのです……。

忘れないで！

　自分の家にやって来て、自分の生活様式に適応する子イヌを選びたいと思っているわけですから、子イヌが家庭生活に慣れているか、特に自分の生活様式に合っているか確認してください。次のような発

言には要注意です。

「この子イヌはショードッグですから、オスワリはしつけてないんですよ」

　このブリーダーはまず、このイヌは頭が悪すぎて「オスワリ」「タテ」のような単純な命令の違いもわからないと思っています。他をあたりましょう。このブリーダーが「オスワリ」もできないイヌと暮らしてもいいと思っているからといって、あなたまでそうする必要などありません！　また、子イヌが基本マナーすら教わっていないとなると、このブリーダーが教えていないことはおそらく他にもいろいろあるはずです。

「この子は兄弟で一番の怖がりでね」

　確かに、同腹の兄弟でも、見知らぬ人(あなた)にどんなふうに近づくかはそれぞれ違います。しかし、生後8週齢の子イヌが、人を怖がって近づかないのは異常です。子イヌがシャイ、怖がり、人を避けるなどの傾向は、これより4週間も前の時点で発見し対処すべきだったのです。シャイな子イヌはもっと力をいれて社会化させるべきでした。また、同腹の兄弟に1頭でも怖がりがいるというのは、子イヌの

日々の社会化にブリーダーが目を光らせていなかった証拠です。おそらく兄弟の中には良い子イヌもいるでしょうが、その兄弟の社会化の状態を判断する時には、気をつけたほうがいいでしょう。

【訳注】
*1 脱感作（だつかんさ） desensitization 不安や恐怖を起こす刺激に対して過敏に反応しないようにするため、特定の刺激に徐々に慣らせていく。
*2 失敗させない排泄のしつけ errorless housetraining 排泄のしつけにおいて、最初から子イヌが1度も失敗しないようにしつける方法。1度でも失敗させてしまうと、その後の矯正は難しいが、事前に失敗させない環境を用意してしつけることで、非常に簡単にしつけることができる。
*3 アジリティー agility イヌと人が調和をとりながら、コース上に置かれたハードル、トンネル、シーソーなどの障害を定められた時間内に、着実に次々にクリアしていくイヌの障害物競走。
*4 カーティング carting イヌに荷車を引かせる競技。
*5 フライボール flyball 4頭で構成されたチームで行うリレーレースで、コース上にある4つのハードルを順に跳び越え、その先にあるフライボール・ボックスにタッチして、飛び出してくるボール（テニスボール）をくわえ、再度走ってきたコースを逆戻りして帰ってくる。そして次の順番のイヌが飛び出すというルールで各チームがタイムを競う。
*6 フリスビー frisbee 飼い主がフリスビーを、イヌが走って行って飛びついてキャッチする競技。
*7 トラッキング tracking ある人の匂いを嗅ぎその匂いを追跡し品物（その人の手袋）を探し出す、という競技。

3章：学習の期限 その2

4章 BEFORE:子イヌを飼うまえに

学習の期限
〜あなたの子イヌが家にやって来た日に〜
その3 失敗させない排泄のしつけと
噛むおもちゃのトレーニング

BEFORE

家に迎えてからの1週間で子イヌに教えること

　新しくやってきた子イヌは家庭のマナーを知りたくてたまりません。子イヌは人を喜ばせたいのですが、どうしたら人を喜ばせることができるかわかりません。幼い子イヌを家中自由に走り回らせても安心だと思えるようになるまでは、まず誰かが家庭のルールを教える必要があります。家庭のルールを隠しておいてはいけません。誰かが子イヌに教えなければならないのであり、その誰かとはあなたです。教えてやらなければ子イヌは好き勝手に想像力を働かせ、1日をつぶすための作業療法（さぎょうりょうほう）を見つけてしまいます。家庭のルールを子イヌにしっかり教えこまないと、子イヌは勝手におもちゃを決め、好きなところで排泄してしまいます。きっとクローゼットの中やカーペットの上に排泄し、ソファやカーテンは遊んで壊してもかまわないと思うでしょう。子イヌに「失敗」をさせてしまうと、すぐに悪い習慣が定着してしまいます。そうなると、良い習慣をつける前にまずは悪い習慣を直すところから始めなければ

なりません。

　子イヌの生活の場所は、「失敗させない排泄のしつけ」と「嚙むおもちゃのトレーニング」ができるよう準備しなければなりません。1度でも間違いが起こってしまうと、その後繰り返し同じことが起き、取り返しがつかなくなるおそれがあります。

「失敗させない排泄のしつけ」と「嚙むおもちゃのトレーニング」

　家庭犬をうまく教育するには、居場所を制限して子イヌが自分で自分をしつけるようにします。そうすることで初めから失敗を予防し、良い習慣を身につけさせます。飼い主が子イヌと一緒にいられなかったり、一緒にいても注意を向けられない時には、子イヌの居場所を制限します。そうすれば、子イヌは間違いを起こさないだけでなく、どのようにふるまえばよいかを学習します。

　子イヌを家に迎えてから最初の数週間、ケージや子イヌ用プレイルームに入れておく時間が長いほど、成犬になってから生涯ずっと自由でいられるよ

うになります。そして、ここで説明する通りに子イヌの居場所の制限プログラムを行えば、子イヌの排泄のしつけや噛むおもちゃのトレーニングは早く終わります。さらに、子イヌがすぐにおとなしく落ちつくようになる特典もついてきます。

あなたが外出する時

　台所、洗面所のような、比較的狭い子イヌ用プレイルーム（長時間居場所を制限するところ）に子イヌを閉じこめておきます。運動用のサークルを使って部屋の一角を区切ってもいいでしょう。長時間子イヌの居場所を制限するところには以下のものを置いておきます。

1. 寝心地（ねごこち）のいいベッド
2. 新鮮な水を入れた水入れ
3. （ドッグフードを中に詰めた）噛むおもちゃをたくさん
4. イヌ用トイレ（ベッドから一番遠い角に）
　当然、1日のうちに子イヌは吠えたり、噛んだり、

排泄したくなるでしょうから、そうしても良い場所に子イヌを置いて、ものを壊したりいたずらができないようにします。おそらく子イヌは寝場所からできるだけ離れた場所、すなわちイヌ用トイレで排泄するでしょう。子イヌ用プレイルーム内で噛めるものはドッグフードを詰めた噛むおもちゃだけにしておけば、すぐに噛むおもちゃを噛むことが子イヌのお気に入りの習慣（しかも良い習慣！）になります。長時間居場所を制限すると、子イヌは自然に学習して、イヌ用トイレを使い、噛むおもちゃを噛んで、おとなしく落ちついていられるようになるのです。

あなたが外出する時は、寝心地のいいベッド、水の入った水入れ、ドッグフードが詰まった噛むおもちゃ、イヌ用トイレを置いたプレイルームに子イヌを入れておきます。

4章:学習の期限 その3

> **長時間の居場所の制限には2つの目的があります**
>
> 1. 子イヌを、噛んでも良い、排泄しても良い場所に入れておくことで、子イヌが噛んではいけない物を噛んだり、排泄物で家を汚すなどの失敗をしないようにする。
> 2. 子イヌが用意されたトイレを使い、噛むおもちゃ(プレイルーム内で噛める唯一のもの)だけを噛み、吠えないで落ちついていられるようにする。

あなたが家にいる時

　1時間おきに、少し遊んであげたり、トレーニングをしたりして楽しんでください。子イヌにずっと注目していられないなら、適切なトイレとおもちゃを用意した子イヌ用プレイルームで子イヌと遊びましょう。これ以外にも、1回につき1時間以内であれば、持ち運びできるクレートなどに子イヌを入れておく方法があります(短時間居場所を制限する方法)。1時間おきに子イヌをクレートから出して、すぐにイヌ用トイレに連れて行きます。短時間居場所を制限するところには次のものを置いておきます。

1. 寝心地のいいベッド
2. (ドッグフードを中に詰めた)噛むおもちゃをたくさん

子イヌが1ヶ所に落ちついて座っていられれば、子イヌを見張るのもはるかに楽です。あなたが行きたい場所にクレートを運んでいけば、子イヌをいつもあなたと同じ部屋に置いておけます。あるいは、子イヌを別室に閉じ込めて、いずれひとりぼっちで留守番するための準備をすることもできます。クレートに子イヌを閉じ込めるなんてと眉をひそめるなら、あなたのベルトにリードを結びつけ、子イヌを足下に座らせておいてもかまいません。または、子イヌのベッド、バスケット、あるいはマットの近くの敷居のフックにリードがはずれないようにつないでおきます。また、噛むおもちゃが子イヌの手の届かないところに転がっていかないように、フックにつないでおきましょう。

あなたが家にいる時は、フードを詰めた噛むおもちゃと一緒に子イヌをクレートに入れておきましょう。1時間おきに子イヌをクレートから出して適切なトイレ場所に連れて行ってやれば、子イヌはすぐに排泄します（2分もあれば十分です）。

4章：学習の期限 その3

短時間の居場所の制限には3つの目的があります

1. 子イヌが家の中で噛んではいけないものを噛まないように、噛んでも良い場所に子イヌを入れておく。
2. 子イヌが噛むおもちゃのとりこになるようにする（噛めるものはそれしかなく、しかも食べ物が詰まっているので）。また、1ヶ所におとなしくしていられるように教える。
3. 家での排泄の失敗を予防する。そして、いつ子イヌが排泄したくなるか予測する。寝場所に閉じ込められると、子イヌは排尿・排便を一所懸命がまんする。そのため、1時間おきにクレートから出されるころには必ず排泄したくなっている。そこで、飼い主は子イヌを正しいトイレ場所に連れて行き、正しい場所で排泄したらごほうびを与え、その後しばらく子イヌと遊んであげたり、トレーニングをしてあげたりする。

ほとんどのクレートは持ち運びができるので、部屋から部屋へ楽に動かせます。ですから、あなたが家にいて子イヌのそばにいれば、クレートに入れられている子イヌもすぐに落ちつき、おとなしく気晴らしができるようになります。たとえば、あなたが居間でゆったり読書を楽しんでいる隣で……。

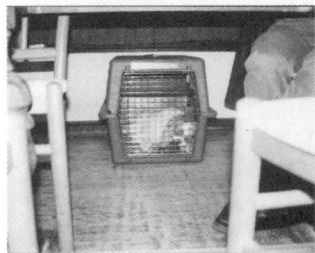

あるいはダイニングルームで食事をしている隣で……。

またはコンピュータで仕事をしている隣で……。

子イヌが自分で自分をしつけるようにしつける

　この子イヌの居場所を制限する計画をまじめに行っていれば、子イヌの失敗を予防して、子イヌが自然に家庭のマナーを学ぶようしつけられるため、排泄のしつけや噛むおもちゃのトレーニングも簡単で時間はかかりません。しかし、この計画に従わないと問題が起きるでしょう。あなたが子イヌのいたずらを歓迎するならかまいませんが、子イヌの失敗を責めるとしたら、その責任はあなたにあります。

失敗させない排泄のしつけ

　家を排泄物で汚すことは場所の問題です。つまりイヌにとって全く正常で自然な、なくてはならない行動（排尿と排便）が、適切でない場所で行われることが問題なのです。

　子イヌが適切なトイレ場所で排泄した時、ほめたりトリーツを与えれば、排泄のしつけはすばやく簡

単にできます。自分の排泄する糞や尿が、自動販売機にお金を入れた時のように、おいしいトリーツと引き換えられることがわかれば、子イヌは適切な場所に排泄したがるようになるでしょう。家の中で排泄しても同じごほうびはもらえないからです。

　また、家を排泄物で汚すことはタイミングの問題でもあります。つまり子イヌが間違った場所にいる時に排泄したくなる（子イヌの膀胱（ぼうこう）と腸がいっぱいになっているのに、家の中にいた）か、場所は適切であってもタイミングが悪い（膀胱と腸が空っぽの時に、庭や散歩に出ていた）のが問題なのです。

　排泄のしつけがうまくいくには、タイミングが肝心です。事実、排泄のしつけが効率良く効果的にできるかどうかは、飼い主が子イヌがいつ排泄したくなるかを予測できるかどうかにかかっています。そうすれば、飼い主は子イヌを適切なトイレ場所へ連れて行き、子イヌが正しい場所で正しいタイミングで正しいことをしたら十二分にごほうびを与えることができます。

　子イヌはうたた寝から目覚めると、通常30秒以内に排尿し数分以内に排便します。でも、よっぽど暇

な人でないかぎり、子イヌが起きておしっこやウンチをするまでじっと待ってなどいられません。それより、タイミングよく子イヌを起こしましょう。

　短時間狭い場所に子イヌを入れておけば、子イヌがいつ排泄したくなるか簡単かつ正確に予測できるようになります。子イヌは自分の寝場所を汚すことを嫌うため、そこにいる間は排尿・排便を一所懸命がまんします。ですから、子イヌはそこから出してもらったら、すぐに排泄したくなるはずです。

排泄のしつけはこんなに簡単

　あなたが外出したり、忙しくて集中できないために次のスケジュールを守れない場合には、適切なイヌ用トイレのある子イヌ用プレイルームに子イヌを入れておきます。そうでなければ、あなたが家にいる時には、あるいは、あなたが1時間おきに子イヌの面倒を見ることができるのなら…

1. 子イヌを自分の家（クレート）に入れておくか、リードにつないでおきます。
2. 1時間ごとに長い針が12のところにきたら子イヌを放してやり、大急ぎで走って（必要ならリードをつけて）トイレ場所に連れて行きます。子イヌに排泄するように言って3分間待ちます。
3. 子イヌが排泄したら大げさにほめ、フリーズドライ・レバーを3つ与え、その後室内で子イヌと遊んだりトレーニングをしたりします。子イヌが十分大きくなって外に行けるようになれば、排泄をした後散歩に連れて行きましょう。

4章:学習の期限 その3

この方法はこんなに単純なのにとても効果的です。それでも、まだこんな質問をよく受けます。

「子イヌをクレート(イヌの家)に閉じ込めるのはなぜ? どうしてプレイルームじゃいけないの?」

　子イヌを短時間狭い場所へ入れておけば、子イヌがいつ排泄したくなるか予測できるようになるため、あなたはちょうどその場にいて、子イヌを正しい場所に連れて行き、正しい時正しい場所で正しいことをした(排泄した)ことをほめてやれます。子イヌが狭い場所に閉じ込められて1時間夢心地でじっと横たわっていると、子イヌの膀胱と腸はしだいに溜まっていき、時計の長い針が12を指す時には毎回いっぱいになっています。そこで、ちょうど1時間おきに子イヌを解放して、室内でも裏庭であってもイヌ用トイレに走って連れて行けば、その場で子イヌは排泄するでしょう。子イヌがいつ排泄したくなるかわかるようになれば、あなたは排泄してほしい場所を選べるだけでなく、何よりも排泄してほしい場所で排泄した子イヌにごほうびをあげることができます。排泄のしつけの秘訣(ひけつ)は、適切な場所で排

泄したことに対して子イヌにごほうびを与えることに尽きます。一方、子イヌがプレイルームでひとりぽっちにされたら、おそらく室内のイヌ用トイレを使うでしょうが、使ったことに対してごほうびはもらえません。

「うちの子イヌがクレートに入るのを嫌がったらどうしたらいいの？」

　子イヌをクレートに閉じ込める前に、まず子イヌにクレートが大好きになり、中に喜んで入るよう教えなければなりません。これは本当に簡単です。中が空洞の噛むおもちゃを数個用意し、ドライフードを詰めてトリーツも少し混ぜておきます。その噛むおもちゃの匂いを子イヌに嗅がせてから、噛むおもちゃをクレートに入れ、子イヌは外に残したままクレートの戸を閉めます。ふつう子イヌはすぐにおねだりして、戸を開けて中へ入れてもらいたがります。そのあとクレートの中に入れてもらった子イヌは、瞬（またた）く間に噛むおもちゃに夢中になるでしょう。

　子イヌの居場所を長時間制限する時には、中身の詰まった噛むおもちゃをクレートの中にくくりつ

け、クレートの戸は開けたままにしておきます。そうすれば、子イヌはクレートの外をうろうろすることもできますし、クレートの中のベッドに寝そべって、噛むおもちゃからドライフードやトリーツをほじくり出すこともできます。基本的に、食べ物を詰めた噛むおもちゃはクレート内に固定してありますが、子イヌは自由にクレートに入ったり出たりできます。たいてい子イヌはクレートの中でゆったり落ちついて、噛むおもちゃで遊ぶほうを選びます。子イヌに食器からでなく、噛むおもちゃや人の手からだけ食べ物を与えていれば（トレーニングのルアーやごほうびとして）、この方法は特に効果的です。

子イヌをクレートに入れる前に、まず子イヌがクレートの中で楽しく過ごせることを確認してください。夕食用のドッグフードを全部コングに詰めてしまいクレートに入れておくと、通常数日以内で効果が出てきます。しかしもっと早いのは次のやり方です。まず子イヌにオスワリをさせておき、クレートの戸を開けます。

食べ物の詰まったコングをクレートに入れ、子イヌの目の前で戸を閉めます。

この時、子イヌは外に置き去りに！「ごちそうが詰まったコングが中にあるのに、自分は締め出しだなんて…」と、子イヌにしばらく悩ませておきましょう。その後、クレートの戸を開けると…。

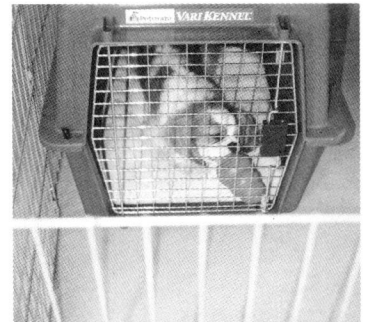

子イヌはすぐにクレートに飛び込み、腰を落として噛むおもちゃを噛み始めます。

4章：学習の期限 その3

「子イヌをクレートに閉じ込めるなんて、どうしてもできないんですが」

　短時間狭い場所に入れておくこと（クレートに入れる場合でもリードにつなぐ場合でも）は、どこで排泄するか（イヌ用トイレ）、何を噛むべきか（ドライフードやトリーツを詰めた噛むおもちゃ）を子イヌに教える一時的なしつけ方法です。子イヌがいつ排泄したくなるかを正確に予測するためにも、また子イヌを噛むおもちゃのとりこにするためにも、一番有効なしつけ用具がクレートです。いったん適切な場所でだけ排泄し、噛んでもいいものだけ噛むことを覚えてしまえば、子イヌは今後ずっと家の中でも庭でも自由に駆け回ることを許されるでしょう。おそらく数日のうちに子イヌはクレートが大好きになり、自分からクレートに入って休むようになるでしょう。子イヌにとって自分のすみかは、自分だけの静かで居心地が良く特別な場所ですから。

　一方、もし誰も子イヌを見張らず、最初から勝手に家の中を走り回れるようにしてしまうと、このイヌはいずれ監禁生活を送ることになる可能性が高いでしょう。最初は庭に追い出され、次いで地下室へ、その後、

動物保護施設のケージへ、最後に棺桶へと移されて終焉を迎えます。家を排泄物で汚すことと物を嚙んで壊してしまうことは、イヌを死に導く2大原因です。しかし、クレートを使えば、あなたの子イヌがこうした問題を起こさないように予防できます。

「排泄のしつけが終わるまで、どうして子イヌを外へ出しておかないんですか？」

　誰が外で子イヌをしつけるのですか？　まさか庭木が？　イヌを外でひとりぼっちにしておくと、ところかまわず排泄するイヌになってしまいます。子イヌは基本的にいつでもどこでも好きなところで排泄することを覚え、屋内に入れてもらえてもきっと同じことをするでしょう。子イヌを長い間、見張る人もなしに外に出したままにしてしまうと、排泄のしつけはほぼ不可能になります。またそうした子イヌはやたらと吠えたり、嚙んだり、掘ったり、逃げたりするようになり、盗まれやすくもなります。外で飼われている子イヌは、たまに家に入れてもらえるとひどく興奮してしまい、結局もう家には入れてもらえなくなってしまいます。

4章：学習の期限 その3

「なぜ子イヌをクレートから出すのはちょうど1時間ごとじゃないといけないの？ 55分とか3時間ごとじゃダメなの？ それから、どうしても長い針が12を指す時じゃないといけないの？」

　子イヌの膀胱がいっぱいになるのは、生後3週齢では45分ごと、8週齢では75分ごと、12週齢では90分ごと、18週齢では2時間ごとです。子イヌを1時間ごとにクレートから出してやることで、1時間に1回子イヌが決められたトイレ場所を使ったことをほめてやれます。厳密に1時間ごとにする必要はないですが、ちょうど時計の長い針が12を指す時にしておけば覚えやすいでしょう？

「どうして子イヌをトイレに連れて行く時、走らなきゃいけないの？ふつうに歩いていっちゃダメなの？」

　イヌ用トイレに連れて行く時、ぐずぐずしていると子イヌは途中で尿や糞を漏らしてしまいます。また、走ると腸や膀胱が刺激されるので、子イヌがトイレ場所にじっと立ってトイレの臭いを嗅ぐ頃には、排泄したくてたまらなくなっています。

「子イヌを外に放すだけじゃだめなの？　排泄くらい自分でできるんじゃない？」

　もちろん自分でできますが、ここでわざわざいつ子イヌが排泄したくなるかを予測するのがなぜかというと、あなたがちょうどその場にいて、どこで排泄するか教えてやり、排泄できたらほめてごほうびをやれるからです。これによって、子イヌはあなたがどこに排泄してほしいと思っているかを学習します。また、子イヌが排泄するのを見届ければ、それ以上出すものがないのですから、クレートに戻す前に目が届く範囲でしばらく家を探索(たんさく)させてやってもよいでしょう。

「どうしてわざわざ排泄するように子イヌに言うの？　子イヌは自分でしたいのはわかってるでしょう？」

　事前に排泄するよう指示すること、そして排泄したらごほうびを与えることで、子イヌは命令されたら排泄することを学びます。命令によって排泄することができるようになると、イヌ連れで旅行している時や、排泄させる時間がほとんどない時に便利です。子イヌに命令する時は、「急いで」「してごらん」

4章：学習の期限 その3

「おしっこ、ウンチ」、その他一般的に聞き苦しくない婉曲(えんきょく)的な排泄命令を使いましょう。

「どうして子イヌに3分もやるの？ 1分もあれば十分では？」

ふつう幼い子イヌが短時間狭い場所に入れられた後に解放されると、30秒以内に排尿しますが、排便には1分か2分かかるかもしれません。排泄が完全にすむまでに3分みておけば間違いありません。

「子イヌが排泄しなかったらどうしたらいい？」

あなたがその場にじっと立って、子イヌにリードをつけた状態でぐるぐる回らせていれば、おそらく排泄するでしょう。決められた時間内に排泄しなくても、それはそれで結構です。もう一度子イヌをクレートに戻して30分後にまた出し、排泄するまで同じ手順を繰り返すだけです。いずれ子イヌは外で排泄し、あなたはそれに対してごほうびを与えられるでしょう。そうすると、その後は1時間ごとにトイレに連れて行けば、子イヌはきっとすぐに排泄するはずです。

「どうして子イヌをほめるの？　排泄させるだけで十分ごほうびになるんじゃない？」

　子イヌが失敗した時に感情的に叱るより、正しいことをしたことに対して心からほめてやるほうがずっといいのです。ですから、「なぁぁーんていい子なの！　いい子！　いい子！　いい子ねー！！」と、子イヌをほめまくりましょう！　排泄のしつけをする時には、気のない「ありがとう」程度ではいけません。子イヌをほめるのに恥ずかしがっていてはダメです。飼い主が照れくさがって子イヌをほめないでいると、いずれ家を排泄物で汚される問題が起きてしまいます。子イヌをいっぱいほめてやりましょう。最高に素晴らしいことをしたと子イヌに伝えるのです。

「どうしてトリーツを与えるの？　ほめるだけで十分じゃない？」

　一言で言えば「NO！」です。飼い主の多く（特に男性）は、子イヌがほめられていることを自覚できるほど大げさにほめるのは苦手のようです。ですから念のため、子イヌが良い行動をしたらトリーツ

を1、2個（3個でも）与えたほうがいいと思います。鉄則は出したら（排泄物を）入れる（トリーツを）！です。「わぁ、ぼくのご主人様はすばらしいや！ 外でおしっこやウンチをするたびにトリーツをくれるなんて。でもソファの上でしてもおいしいトリーツは絶対もらえないんだ…。早くご主人様が帰ってこないかなあ。そしたら庭に行って、おしっことウンチをして、トリーツがもらえる！」と子イヌは考えます。このため、イヌ用トイレのすぐそばにトリーツを入れたビンを置いておくと便利でしょう。

「なぜフリーズドライ・レバーなの？」
　排泄のしつけはあらゆる手段を総動員して行わなくてはなりません。私を信じてください。排泄のしつけをする時は、ドッグフードのフェラーリとも言えるフリーズドライ・レバーを使いましょう。

「子イヌがおしっこやウンチをした時、レバートリーツを本当に3個も与える必要があるの？」
　そうとも違うともいえます。もちろん、毎回きっかり3個ずつ与える必要はありません。でも不思議

なことに、「子イヌが正しい場所ですぐに排泄したら毎回トリーツをやってください」と私が言っても、誰もその通りにしてくれません。それなのに、具体的に「3個与えてください」と言うと、必ずいちいち3個数えて子イヌに与えてくれるのです。私が言いたかったのは、子イヌが決められたトイレ場所を使ったら、そのたびに十分に子イヌをほめ、ごほうびを与えてくださいということなのです。

「屋内で子イヌと遊ぶのはなぜ？」

　子イヌがイヌ用トイレを使った時にごほうびを与えれば、子イヌがそれ以上出すものがないのは明らかです。「全部出してくれてありがとう！」です。お漏らしで汚される危険を感じないで、屋内で子イヌと遊んだりトレーニングをするのに、これ以上いいタイミングはないでしょう。もしあなたが子イヌと（排泄物の心配なく）楽しく過ごしたいなんて思わないとしたら、何のために子イヌを飼っているのですか？

4章：学習の期限 その3

「排泄が終わっているのに何のために散歩に連れて行くのですか？」

　排泄させようとして子イヌを散歩に連れて行って、子イヌが排泄したら家に連れて帰ってしまう人がたくさんいますが、これは完全な間違いです。通常、何度かこういう目に遭うと、子イヌは「おしっこやウンチを地面に落としたとたんに、散歩が終わっちゃう！」と学習します。この結果、子イヌは外で排泄したがらなくなり、そのため、体を揺さぶられる遊びや散歩をさんざんしてから帰宅するころには、もう排泄したくてたまらなくなっています。そして結局、家で排泄してしまいます。それよりも、まずイヌ用トイレを使わせて子イヌをほめてやり、その後排泄のごほうびとして散歩に連れて行くようにすることです。

　あなたの子イヌを外に出せる時期がきているなら、毎回子イヌをイヌ用トイレ（自宅の庭またはマンションの前の道端）に連れて行き、じっと立って子イヌが排泄するのを待ちましょう。排泄したら子イヌをほめて、レバートリーツを与え、「いい子だ！　じゃあ散歩に行こう！」と言います。ゴミ箱

に糞を捨てたら、それ以上排便の心配なく散歩に連れて行けます。このシンプルな「ウンチなしなら散歩なし」ルールで数日やってみたら、あなたのイヌは町で一番すばやく排泄するようになっていることでしょう。

「ここで言われたことを全部したのに、やっぱり子イヌがお漏らしをしたらどうしたらいいですか?」

　新聞紙を丸めて、ご自分をたたきなさい!　明らかに、あなたは今まで説明したやり方に従わなかったのです。糞尿がたまっている子イヌに自由に家の中をうろつきまわらせたのは誰ですか?　あなたでしょう!　お漏らしの現場を押さえた時、万一子イヌを叱ったり罰したりしたら、子イヌが学習するのは「排泄するなら隠れてすること、つまり信頼できないご主人の前ではもう二度と排泄しない」だけです。こうしてあなたは、子イヌが飼い主のいないところで排泄するという問題を引き起こしてしまいます。子イヌがお漏らしをしている(あなたのせいですが)ところを見つけた時にできることといえば、直ちに、感情的にならずに切迫感を込めて、「外!

4章：学習の期限 その3

外！　外！」と子イヌに要求することです。あなたの声色(こわいろ)とせっぱつまった調子から、子イヌはあなたが自分にすぐに何かしてもらいたがっていることがわかりますし、その言葉から、どこでしてほしいのかも伝わります。こうすれば、いま目の前で起きている失敗には大して役に立たなくても、今後同じ失敗が起こるのを予防することはできます。

　指導的でない方法でイヌを叱るのは絶対いけません。理由を特定しないで叱っても、子イヌをおびえさせるばかりか、問題（子イヌが飼い主のいないところで排泄をしてしまう）ももっと大きくなり、子イヌと飼い主との関係も損(そこ)なわれてしまいます。あなたの子イヌは「悪い子イヌ」ではありません。本当はよい子イヌなのに、飼い主が簡単なしつけ方法も守れない、または守る気がないために、やむをえず間違った行動をしてしまっただけなのです。

　前に説明したしつけ方法をもう一度読んでやり直すこと！

毎時間、時計の長針が12のところに来たら、子イヌをトイレ場所（庭に設置したトイレか、長時間居場所を制限するところにおいた仮のトイレ）に連れて行きます。そして……排泄したらすぐにたっぷりごほうびをやりましょう。

イヌ用トイレ

　イヌの排泄場所を用意するには、最終的に使うつもりのトイレ材をイヌ用トイレに敷くのが最適です。たとえば、農村部や郊外で子イヌを飼っていて、いずれは外の土や草の上で排泄させたければ、芝生を1カット敷いておきます。また、都会で子イヌを飼っていて、将来的には道の縁石のところで排泄させたければ、薄いコンクリートタイルを数枚敷いておきます。すると、まもなく子イヌは戸外の同じような感触の地面で排泄したいという強い欲求を発達させます。

自宅に裏庭があるなら、室内の子イヌ用プレイルームのトイレとは別に、戸外にもトイレを決めておき、子イヌをクレートから出してやったらそこへ連れて行くようにします。あなたがマンション住まいで裏庭がないなら、戸外に遊びに出られるようになる（生後3ヶ月齢）までは、子イヌに室内のイヌ用トイレを使うように教えます。

戸外のイヌ用トイレを使うように子イヌに教える

初めの数週間のうちは、子イヌを戸外へ連れて行く時にはリードをつけます。急いでトイレ場所に走っていって、子イヌがそこでぐるぐる回っている間（通常排泄前にする行動）じーっと待ちます。子イヌが決められた場所でするたびに、ごほうびを与えましょう。フェンスで囲んだ庭があるなら、いずれは子イヌのリードをはずして庭に連れ出して、子イヌのしたいところで排泄させてもよいでしょう。それでも必ず、トイレ場所からどれくらい離れたところで排泄したかによってほめ方を変えてください。

外に出てすぐに排泄したらトリーツ1個、イヌ用トイレから2メートル以内ならトリーツを2個、ちょうどトイレの場所で排泄したらフリーズドライ・レバーを3個（イヌが最も好む食べ物）というように、トイレ場所に近づくほど、ごほうびのグレードを上げていくわけです。

問題がありますか？

1週間たっても家を排泄物で汚されたり、家の中のものを壊されたりということがあったら、『イヌの行動問題としつけ』の「排泄のしつけ」と「噛む（かじる）」の章をご覧ください。

失敗させない「噛むおもちゃのトレーニング」

イヌは社交的で好奇心の強い動物です。特にひとりぼっちで留守番中には何かをせずにはいられません。イヌに何をしてほしいですか？　クロスワード

4章：学習の期限 その3

パズル？ レース編み？ まさかテレビの昼メロでも見ていてほしいとか？ あなたは、子イヌが1日を過ごすために何らかの作業療法を与えなければなりません。もし子イヌが噛むおもちゃを噛みながら楽しく過ごすことを学習すれば、静かに座って楽しいかじり遊びができるのを待ち望むようになります。ですから、家財よりも噛むおもちゃを噛みたがるように、子イヌに教えることが大切です。そのためには、噛むおもちゃにドライフードとフリーズドライ・レバーを詰めておくのが効果的です。さらに言えば、子イヌを家に迎えてからの数週間の間は、食器は片付けてしまい、（トレーニング用のルアーやごほうびとして使うドライフード以外は）子イヌの食べ物はすべてコングやビスケットボール、消毒した骨など、中が空洞の噛むおもちゃに詰めて食べさせるようにします。

　噛むおもちゃのトレーニングの失敗を防ぐには、子イヌの居場所を制限する方法に従いましょう。あなたの外出中は、子イヌを子イヌ用プレイルームに入れ、ベッド、水、トイレ、そして食べ物を詰めた噛むおもちゃをたくさん置いておきます。あなたが

家にいる時は、子イヌをクレートに入れ、やはり十分な量の噛むおもちゃを置いておきます。1時間おきに子イヌを解放して排泄させた後、噛むおもちゃを使ったゲームをしましょう。たとえば、噛むおもちゃ探し、噛むおもちゃの「モッテコイ」、噛むおもちゃの引っ張りっこゲームなどです。噛めるものが噛むおもちゃだけで、さらにドライフードとトリーツが詰まって魅力的なため、子イヌはすぐに噛むおもちゃを噛む習慣を発達させます。

　イヌが噛むおもちゃのとりこになり、少なくとも3ヶ月噛んではいけないものを噛む（または家を排泄物で汚す）失敗をしなければ、子イヌ用プレイルームを2部屋に広げてもかまいません。その後失敗をしないで1ヶ月過ごせるたびに、入ってもいい部屋を1部屋ずつ広げていくと、最終的には子イヌをひとりぼっちで家に残して、家の中でも庭でも自由に走り回らせられるようになります。しかし、もし一度でも子イヌが他のものを噛んでしまったら、子イヌの居場所の制限計画を最初からやり直し、少なくとも1ヶ月間は続けてください。

　噛むおもちゃのとりこになるよう子イヌに教えこ

4章：学習の期限 その3

めば、家の中をめちゃくちゃにされることも予防できますし、むだ吠えを楽しい遊びにしてしまうのも予防できます。なぜなら、噛むことと吠えることは同時にはできないからです。また、噛むおもちゃに夢中になれば、子イヌはじっとおとなしく過ごすことを学びます。なぜなら、噛むことと走り回ることは同時にはできないからです。

子イヌが家にやってきてから数週間の間、トレーニングをしたり一緒に遊んだりしている時は別として、子イヌはずっと長時間／短時間の居場所の制限場所に入れておきます。
そして、その中で子イヌが噛めるのは、ドライフードとトリーツが詰まった噛むおもちゃだけにしておきます。

噛むおもちゃのとりこにすることは強迫性障害[*1]のイヌには特に有効です。というのは、噛むことは強迫観念や衝動を発散するのにうってつけの便利な方法だからです。もちろんこれで強迫性障害が治るわけではありませんが、食べ物の詰まった噛むおも

ちゃがあれば、それを衝動的にとりつかれたように噛んで楽しく過ごせるようになります。

　そして一番大切なのは、この失敗させない噛むおもちゃのトレーニングで、分離不安*2を効果的に予防できることです。

噛んでもいいのは噛むおもちゃだけだと子イヌが学習してしまえば、他の物を回収させたり他の物で遊ばせたりしても安心です。イヴァンは"履きものフェチ"でした。このイヌはスリッパや靴を取ってきたり、くわえて運んだり、抱きしめたり一緒に寝たりするのが大好きでした。でもイヴァンがスリッパや靴をめちゃくちゃにすることは絶対なく、なくなったらいつでも探し当てられました。

噛むおもちゃとは？

　噛むおもちゃはイヌが噛むために作られたもので、壊れにくく食べられません。イヌが物を壊してしまったら、代わりの物が必要になりお金がかかります。またイヌが物を食べてしまったら、イヌを取り替えないといけないかもしれません。食品でないものを食べてしまうのはイヌの健康上とても危険で

す。

　噛むおもちゃを選ぶ時は、そのイヌの噛み方の癖や、どんなおもちゃが好きかを考えて決めます。牛のひづめや圧縮したローハイドをいつまでも噛んでいるイヌがいるかと思うと、ものの数分で平らげてしまうイヌも見たことがあります。私は個人的には、噛むおもちゃには何といってもコング製品が最高だと思います。次いで、それにかなり近い人気商品が、消毒した中が空洞のロングボーンです。私がコング製品と消毒した骨が好きなのは、シンプルかつ天然で有機物（プラスチックでない）だからです。また、中が空洞なため食べ物を詰められます。コング製品と消毒した骨は質の高いペットショップならどこでもお求めになれます。

食器からでなく噛むおもちゃから夕食を与える

　一般的には、1日分の給与量のドライフードは、夕食時にまとめて子イヌに与えます。しかし、その時子イヌが騒がしく吠えていたり、フードをほしが

って跳びはねていると、与えたフードがそれに対するごほうびになってしまうことがあります。それに、食器から夕食をがつがつ食べさせてしまうと、子イヌは1日の残りの時間にすることがなくなり困ってしまいます。野生のイヌが、起きている時間のなん

音の出るおもちゃは、トレーニング時のルアーやごほうびとしてはとても効き目があります。しかし、噛むおもちゃとしては適切ではありません！ 音の出るおもちゃは壊れやすく食べてしまえます。幼い子イヌを見張らずに、こんなに面白くて壊れやすいもので遊ばせてしまうと、あっという間に何でも噛んで破壊しまくるイヌになるでしょう。

基本的に噛むおもちゃは壊れず、天然素材（ゴムや骨など）で作られた、中が空洞の（物を詰められる）ものにしてください。噛むおもちゃにドッグフードとトリーツを混ぜて詰めた物を与えると、子イヌはおもちゃを壊すより食べ物を取り出すのに夢中になります。また、噛むおもちゃに食べ物を詰めれば、おもちゃの寿命も長くなります。最高の噛むおもちゃは、コング製品、ビスケットボール、そして消毒した骨です。

と9割を獲物を探して過ごしていることを考えると、毎日食器からフードを与えてしまうと、ある意味イヌにとって一番重要な「食べ物を探す」という活動を奪うことになります。そして、好奇心いっぱいの子イヌは、しかたなく1日何をしようかと考えあぐねたあげく、ほぼ確実に、あなたにとってはいたずらでしかないことを暇つぶし対象に選んでしまうでしょう。

　新しくやってきた子イヌ（または成犬）にいつも食器にフードを入れて与えるのは、イヌの飼い方としつけにおいてどう考えても大きな間違いです。飼い主には全く悪気がなくても、食器にフードを入れて与えてしまうと、子イヌが家庭のマナーを身につける障害になったり、子イヌの喜びを奪うことになりかねません。ある意味では、食器にフードを入れて与えるたびに子イヌの存在理由が奪われてしまうと言えます。夕食を一気に食べてしまったら、子イヌはかわいそうに、「きょうは、あとは何をして時間をつぶそう？」と頭が真っ白になってしまい、心配したりいらいらしながら延々と退屈な時を過ごしたり、あるいは我を失ってしまいます。

子イヌがこの空白の時間を埋めるのに慣れるにつれ、噛んだり、吠えたり、歩き回ったり、毛づくろいをしたり、遊んだりといった本来正常な行動が常同行動化*3し、それが何度も繰り返され不適切な行動に変わってしまいます。特定の行動の回数が増えるにしたがって、その本来の意味が失われ暇つぶしというだけの行動になります。たとえば、物を調べるために噛んでいたのが破壊的に噛むようになったり、危険を感じた時に吠えていたのがひっきりなしに吠えるようになったり、普通に歩き回っていたのが同じところを繰り返しうろうろしたり、走り回ったりします。また、影や光を追いかけることに病的に執着するようになることもあります。さらには、いつもの毛づくろい行動が、執拗に毛をなめたり、掻いたり、自分の尾を追いかけて回ったり、自分の頭を押さえつけたりといった行動に変わり、極端な場合は自傷行為に走ることもあります。

　常同行動は、エンドルフィン*4の分泌を促し、結果として同じ行動をいつまでも繰り返すことになります。つまり、イヌは中毒状態になり、同じことを繰り返すことに没頭します。常同行動の頻度が高ま

4章：学習の期限 その3

ってくると、イヌのさまざまな行動のうちでも有益で順応的な反応が現れる余地がなくなってしまい、最終的にはイヌは「脳死」状態になって、ひっきりなしに吠えたり、うろうろしたり、自分の体を噛んだり、虚空（こくう）を見つめたりといった症状が現れます。このように、常同行動はまさに行動における癌（がん）とも言えるものです。

　あなたの子イヌの早期教育で一番の決め手は、平和に1日を過ごすにはどうしたらいいか教えてやることです。子イヌの食事を、コング、ビスケットボール、消毒した骨など、中が空洞の噛むおもちゃからだけ与えることにすれば、子イヌはそれを噛むのに夢中になって何時間も満足していられます。噛むおもちゃのおかげで子イヌは楽しいことに集中していられるため、寂しくなる暇はありません。また、子イヌが1ヶ所におとなしくして適切な噛むおもちゃを噛み、吠えないでいると、時々噛むおもちゃからフードの粒がこぼれ出てきてごほうびになるのです。

噛むおもちゃに食べ物を詰める

　使い古した噛むおもちゃに食べ物を詰めれば、たちまち目新しくてウキウキするものに早変わりします。通常の1日分の給与量をこの形で子イヌに与えれば、子イヌが肥満になることもありません。ただし、子イヌのウエストラインや心臓、肝臓を守るには、トレーニングで使うトリーツを最小限にとどめることです。基本マナーを教える時にはルアーやごほうびにドライフードを使い、フリーズドライ・レバーを使うのは、排泄のしつけを始める時や、子どもや男性、見知らぬ人と会わせる時、コングにドライフードと一緒に詰める時（次頁を参照してください）、また、とびきり良い行動をした時の最高のごほうびとして取っておきましょう。

コングの詰め方基礎講座

　コングに食べ物を詰める際には、以下の基本原則を守ります。(1) ドライフードの何粒かは、子イヌが噛むおもちゃに最初に跳びついた瞬間に、そのごほうびとしてすぐに出てくること、(2) ずっと噛み続けていると、ごほうびとして時々ドライフードの粒が小出しに出てくること、(3) 子イヌが飽(あ)きないように、一番おいしい部分はどうしても出てこないようになっていること。コングの先の小さい穴のほうにフリーズドライ・レバーを詰め込んでおくと、これだけはどうしても子イヌには取り出せません。コングの内壁(ないへき)全体にハチミツを少し塗りつけ、以上の手順でドライフードを詰めたら、大きい穴のほうにはミルクボーンを十文字に重ねてふたにします。

　この基本的なコングの詰め方には無数にバリエーションがあります。私が特に気に入っているのは、パピーフードをふやかしてスプーンでコングに詰め、一晩冷凍庫に入れて凍らせてチューチュー・コングにすることです！　あなたのイヌもきっと大好きになりますよ。

コングはキング！

　最初から、食べ物の詰まったコングやビスケットボールを各種取り揃えた場所に子イヌを入れておけば、すぐに子イヌはこうした噛むおもちゃなしの1日は考えられなくなります。すぐに、コングを噛むという社会的に受け入れられる習慣を身につけるでしょう。そして、いったん身につけた良い習慣は、悪い習慣が壊れにくいのと同じで簡単には変わらないことを覚えておいてください。もう子イヌは1日の大部分を、コング製品を噛んで楽しく過ごすようになっているでしょう。

4章：学習の期限 その3

　それでは、ここでちょっと休憩して考えてみます。子イヌがおとなしく噛むおもちゃに夢中になっていればできない悪いことには何があるでしょう。まず、噛んではいけない日用品や園芸用品は噛みません。吠えることを楽しい遊びにしてしまうこともありません（見知らぬ人が家に来ればやはり吠えますが、ただ吠えることが目的で1日中吠え続けることはないでしょう）。そして、家にひとりぼっちで残されても、走り回ったり、いらいらしたり、興奮してしまうことはないでしょう。

　子イヌに噛むおもちゃを楽しく噛むことを教えることですばらしい点は、子イヌがこの作業をしている間は、きわめて不快な他のいろいろな行動をしなくなることです。ストレス解消の対象として、食べ物を詰めたコングは最高です。特に心配性で強迫観念に取りつかれたイヌにとって、これは有効です（また、飼い主のストレス解消にも、イヌにコングを与えておくのは最高です）。これほど多くの悪い習慣や行動問題をこんなに簡単に、また単純に予防や解決ができる道具は、コング以外にはありません。

おとなしく座って静かにする

　子イヌの教育の中で一番急いで教えるべき項目は、遊ぶ時と静かにする時があるということ、具体的には、短時間ならおとなしく座って静かにしていられるよう教えることです。「この家で暮らそうと思ったら、たびたび静かにしていなければならない」ということを子イヌが学習すれば、あなたの暮らしはもっと平和になり、子イヌの暮らしもストレスが少なくなります。

　新しい子イヌが来てからの数日間に、子イヌが息もつけないほど世話をやいたり愛情を注いだりしないよう気をつけましょう。いったんそうしてしまうと、子イヌが夜間ひとりぼっちになったり、昼間あなたが仕事、子どもたちが学校に行っている間、留守番して過ごさなければならなくなった時、子イヌはぐずったり、吠えたり、いらいらするようになります。当然ながら子イヌは寂しいのです！　母イヌや同腹の兄弟や人間の仲間がそばにいないのは生まれて初めてなのですから。

チワワの子イヌはオリンピック級の破壊的な噛むいたずらはしませんが、キャンキャンよく吠えます。ところが食べ物を詰めたコングを使えば、すぐに落ちついて、おとなしくしていられるようになります。

　子イヌが来てから数日間の間に、ひとりでおとなしく過ごせるように慣らしておくと、子イヌの不安を和らげてやることができます。第一印象はとても大切で、ずっと後まで尾を引くものだということを忘れないでください。また、子イヌが郊外の家庭で飼われている場合、何時間、時には何日もひとりぼっちで過ごすのは珍しくないことも覚えておいてください。ですから、どうやってひとりで過ごすかを時間をかけて子イヌに教えることは十分理にかなったことです。そうしないと、子イヌはひとりぼっちになった不安から、噛んだり、吠えたり、掘ったり、逃げたりといった癖をつけてしまいます。こういっ

たことは、いったん身につくと矯正しにくいものです。

　家にいる時には、噛むおもちゃを用意したクレートに子イヌを入れておきます。この目的は、(1) 排泄のしつけ、(2) 噛むおもちゃのトレーニング、(3) おとなしく座って機嫌良く過ごせるように教える、ということの3点です。あなたの家にいる時に短時間子イヌの居場所を制限することにより、子イヌが家にひとりぼっちで取り残されても自分だけで楽しく過ごせるよう教えることは大切です。

　もちろん、私は子イヌを長時間ひとりぼっちにしておくことを支持しているわけではありません。ですが、現実問題として、現代の生活では子イヌの飼い主の多くが毎日家を出て仕事に行くわけですから、子イヌもその現実に前もって慣らしておくのが理にかなっているわけです。

　あなたが家にいる時に行う最も重要なことは、短時間子イヌの居場所を制限することです。目的は何時間もずっと子イヌの居場所を制限することではなく、あらゆる状況下で、比較的短い間であれば、すぐに落ちついておとなしくできるよう教えることです。

4章：学習の期限 その3

子イヌをリードなしでも1ヶ所でおとなしくしていられるように慣らすには、テレビの横にイヌ用ベッドをおいて、近くの幅木(はばき)にフックを取りつけ、そこに食べ物を詰めたコングを結わえつけます。こうすれば、テレビを見ながら子イヌの様子に目を離さないでいられます。ただしこの場合も、子イヌは1時間ごとにトイレに連れて行かなければならないことはお忘れなく。

　必ず、子イヌの手の届く範囲にあるものはドライフードとトリーツを詰めた噛むおもちゃだけにしておいてください。こうしておくと、手近に他に噛めそうなものが全くないため、子イヌは初めから噛むおもちゃを噛む習慣をしっかり身につけます。繰り返しになりますが、噛むおもちゃを夢中で噛んでいると、子イヌは日用品や家具を壊したり、吠えたりしません。

　あなたが家にいる時には、留守にする時に備えて、子イヌ用プレイルーム（長時間居場所の制限をする

場所)に子イヌを時々入れておくとよいでしょう。また、あなたの在宅中に時々長時間の居場所の制限をしてみると、子イヌの様子が監視できるので、実際にあなたが外出した時に子イヌがどんな反応をするかをある程度予測できます。

夜中にすべきこと

まず子イヌが夜寝る場所を決めてください。長時間居場所を制限する場所や台所に置いたクレートで夜を過ごさせたいと思えば、それでけっこうです。またはご自分のベッドの脇にイヌ用ベッドを置き、そこに子イヌを寝かせ(つないで)たければ、それでもかまいません。ここで大切なのは、子イヌが狭い場所に入ったら、そこですぐに静かに落ちつけるようにするということです。上手に食べ物を詰めた噛むおもちゃを子イヌに与えておけば、それを噛みながらすぐに眠り込んでしまうでしょう。

「排泄のしつけ」と「噛むおもちゃのトレーニング」を終えて、子イヌがすぐにおとなしくなって静

4章：学習の期限 その3

かに過ごすことを学習したら、好きなところに寝場所を決めさせてもかまいません。家の中でも外でも、2階でも1階でも、あなたの寝室やベッドでも、あなたの迷惑にならなければどこでもいいと思います。

あなたが夜くたくたで眠くなり、不機嫌で頭もほとんど働いていない状態で子イヌのしつけをするより、目がさえていて機嫌もいい昼間のうちに、夜いつもすることを練習しておくのがいいでしょう。つまり、昼間の間に、あなたがいてもいなくても子イヌが自分のベッドかクレートでおとなしくしていられるように練習させます。そうすれば、子イヌはひとりで眠るのに慣れるでしょう。

昼間のうちに、子イヌがあなたのベッドの横（または子イヌに夜間寝床にしてほしい場所）で落ちついて過ごせるように練習しておきましょう。要は、あなたがゆっくり眠りにつこうとする前に、子イヌがひとりでも安らかに眠れるよう慣らしておくことです。

子イヌが夜中にクンクン鳴いたら10分おきに見に行ってやります。1分ほど小声で話しかけたりやさ

しくなでてやって、またベッドに戻ります。しかし、やり過ぎはいけません。これはあくまで子イヌを安心させるためであって、夜中に注目してほしくてクンクン鳴くようしつけるためではありません。また、10分後にはおそらくもう一度子イヌを見に行ってやらないといけなくなるため、すぐには寝ないようにします。私の場合、子イヌが寝入ってからもう一度見に行って、4-5分なでてやるのが好きです。子イヌがまた起きて騒ぎ出すのではないかと心配してそうしない人が多いのですが、私の場合そんな経験は一度もありません。

　上で説明したことに従えば、1週間以内に子イヌはすぐに静かに寝つけるようになるはずです。

オスワリなど

　もし私がオスワリの教え方について全く触れないと、かなりの飼い主の皆さんががっかりされることでしょう。でも、これは本当に簡単なんです。「命令でオスワリできるようになりたい？」と子イヌに

尋ね、1粒のドライフードを子イヌの鼻先で上下に揺らしてみてください。子イヌがそれにつられてウンウンとうなずいたら、あなたも子イヌも準備万端です。

まず「オスワリ」と言って子イヌの鼻先にドライフードを持っていき、マズルに沿って後ろへ（目の方に）フードを動かしていきます。子イヌがフードを追って見上げると腰が落ちます。とても簡単でしょう？

それでは次に、ドライフードをもう1粒人差し指と親指でつまんで、「フセ」と言い、手を（手の平を下にして）イヌの前足の前まで下ろします。子イヌはフードを調べようと鼻先を下げ、そして前駆を落として、マズルを床につけてしまい、あなたの手の下にマズルを押しつけてすり込もうとします。そのままフードを子イヌの胸のほうに少しずらすと、お尻をどすんと落としてフセの姿勢になります。

では次に「タテ」と言って、ドライフードを子イヌの前方に離していきます（子イヌに注意を向けさせるよう、フードを少し揺らしたほうがいいかもしれません）。トリーツを鼻の高さのところに持って、子イヌが立ち上がって匂いを嗅ごうとしたら、すぐ

に少しだけ下げます。こうしないと、子イヌはいったん立ってもすぐ座ってしまいます。

「オスワリ」と言って子イヌの鼻先でフードルアーを揺らし、続いて（手の平を上にして）ルアーをほんの少しだけ持ち上げます。子イヌがルアーにつられて上を見ると、腰が落ちて座ります。「いいオスワリだ」と子イヌをほめて、ごほうびにドライフードを与えましょう。

「フセ」と言って、ルアーを（手の平を下にして）ちょうどイヌの両前足の前まで下ろします。子イヌはルアーにつられて鼻を下げていき、寝そべります。「いいフセだ」と子イヌをほめて、ごほうびにフードを与えましょう。

では次に、命令をいくつかメドレーでやってみましょう。数歩後ろに下がって「オイデ」と言い、ドライフードを揺らします。子イヌがあなたのほうに近づいてきたら熱心にほめてやり、オスワリとフセ

4章：学習の期限 その3

をさせてからドライフードを与えましょう。フード1粒で3つの反応をさせられるなんて、悪くないでしょう？　それでは、1日のうち空き時間があるたびに、あるいは夕食分の給与量のフードが切れるまで、オイデ・オスワリ・フセをできるだけ何度も子イヌにさせましょう。

「タテ」と言って、フードルアーを子イヌの鼻先から離していって揺らします。子イヌが立ち上がったら、すぐに「いいタテだ」と子イヌをほめて、ごほうびにフードを与えましょう。

　この3種類の姿勢の変化を順不同で繰り返します。たとえば、「オスワリ」「フセ」「オスワリ」「タテ」「フセ」「タテ」というように。たった1粒のドライフードのごほうびをもらうために、子イヌがこれを最高何回やってくれるか見てみましょう。また、フードのごほうびを与える前に、どれだけ長くそれぞれの姿勢でいられるか（短いマテ）も見てみます。

不思議と、与えるトリーツの数を減らすほど、またトリーツを持ってじらしている時間が長いほど、子イヌののみ込みは早くなります。さあ、ルアー／ごほうびトレーニングの世界へようこそ！

いたずら

　悲しいことに、子イヌのいたずらは飼いイヌを死に導く理由のナンバーワンです。これは、家に来てからの1週間で、自ら破滅(はめつ)を招いてしまう子イヌが多いからです。家を少しでも排泄物で汚したり、家の中の物を噛んだりしてしまうと、子イヌは裏庭に追放されてしまいます。そこでは子イヌは深刻な社会化不足となり、吠えたり、掘ったり、逃げたりという行動を身につけてしまいます。逃げ出して迷子になって道端で拾われたり、動物保護施設に連れて行かれたりするころには、子イヌはあまりに多くの行動問題を発達させてしまっており、里親(さとおや)になってくれる人は簡単には見つかりません。

　ところが、こうした全くどのイヌにも起こりうる問題は、基本的な常識と、飼い主の勉強と、子イヌのしつけ次第で、本当に簡単に予防できるのです。

4章：学習の期限 その3

【訳注】
- ＊1 強迫性障害　obsessive compulsive disorder　＝強迫神経症　ある観念にとらわれ、ある行為をせざるを得なくなる神経症の意。ある考えにとらわれたり、同じ行為を反復したり、その行為をすることができないと恐怖を感じる。
- ＊2 分離不安　separation anxiety　飼い主から離れてひとりぼっちになった時に、不安で落ちつかず、いらいらし無力感を示す。主に、飼い主に依存しすぎることから、飼い主が留守中に分離不安となりさまざまな行動問題を引き起こすことがある。
- ＊3 常同行動　stereotyped behaviors　ある行為を絶えず繰り返すこと。
- ＊4 エンドルフィン　endorphin　鎮痛作用を持つ内因性のモルヒネ様ペプチドで、脳および脳下垂体などに存在し、モルヒネレセプターと結合する。精神安定作用もある。

5章 BEFORE:子イヌを飼うまえに

子イヌの教育の優先事項

5章：子イヌの教育の優先事項

　あなたがイヌに関する勉強を終えて、考えうる限り最高の子イヌを選んできたら、やることが多い割に時間が足りないと感じるでしょう。ですから、本章では最優先で緊急にしなければならないことから順に並べ、それぞれを重要度によってランク付けしておきます。

１．家庭のマナー　　〜子イヌが来たその日から〜

　排泄のしつけ、噛むおもちゃのトレーニングと、むだ吠えの代わりにイヌは何をしたらよいのかを教えることは、子イヌの教育課程において最優先事項です。初日から失敗させない管理教育プログラムを実施します。これは居場所の制限スケジュールに加えて、ドッグフードを詰めた噛むおもちゃ（コング、ビスケットボール、消毒した噛む骨のおもちゃなど）をたっぷり使うことです。単純な行動問題は本当に簡単に予防できるにもかかわらず、それをしないために、イヌに対して不満を募らせたり、イヌを安楽死させてしまうことも珍しくありません。ですから、子イヌが家にやってきたその日から最優先ですべきなのが、家庭のマナーを教えることなのです。

緊急度 ランキングNo.1
　家庭のマナーは、子イヌの教育課程の中でもなんといっても一番急いで教えるべき事項です。行動問題で悩みたくなければ、しつけは子イヌが家にやってきたその日に直ちに開始しましょう。

重要度 ランキングNo.3
　家庭のマナーを教えることはきわめて重要です。飼い主が子イヌを放っておいて、子イヌが家を排泄物で汚したり、不適当なものを噛んだり、吠えたり、掘ったり、逃げたりする問題をそのままにしておくと、子イヌはすぐにやっかい者になってしまいます。

2. 家でひとりになる
〜子イヌが家に来て数日から数週間〜
　悲しいことに、現在、家庭犬の生活もあまりにめまぐるしいペースで流れているため、子イヌには家でひとりで過ごすのを楽しめるよう教える必要があります。これには、子イヌが監視されていなくても決められた家庭のマナーをしっかり守れるようにするという意味もありますが、もっと重要なのは、あ

なたのいない間に子イヌが不安にならないようにすることです。通常この2つはセットになっています。というのは、子イヌは不安になるといつもより頻繁に吠えたり、噛んだり、掘ったり、排尿したりする傾向があるからです。そのため、最初から、特にあなたの家に来てから数日－数週間の間に、ひとりでもおとなしく安心して過ごせるよう、子イヌに教えこむ必要があります。さもなければ、子イヌはひとりぼっちで家に取り残されると、きっと極度のストレスに苛まれることになってしまいます。

緊急度 ランキングNo.2

　ひとりになっても楽しく過ごせるよう子イヌに教えるのは、子イヌの教育課程において2番目に急いで取り組むべきことです。子イヌが家に来て数日－数週間のうちは注目と愛情でもみくちゃにしておいて、その後は大人は会社、子どもは学校があるからと言って、子イヌをひとりぼっちで隔離してしまうなんてかわいそうじゃないですか。そうではなく、子イヌが来てからの数日－数週間、あなたが家にいて子イヌの様子を観察している間に、子イヌ用プレイルームかクレート

に子イヌを入れて、ひとりの静かな時間を楽しめるように教えてやりましょう。また、必ず何らかの作業療法（食べ物を詰めた噛むおもちゃ）を与えて、あなたの外出中、子イヌがそれに夢中になって楽しく過ごせるよう、特に注意してください。

重要度 ランキングNo.3
　あなたの心の平穏のためにも、またそれ以上にあなたの子イヌの心の平穏のためにも、子イヌにひとりで過ごすことに慣れさせていくことはこの上なく大切です。なぜならこれによって家を排泄物で汚したり、噛んだり吠えたりという問題が予防できるからです。子イヌが飼い主に依存し過ぎたり、ストレスがたまったり、不安になってしまったら、子イヌだって全然楽しくありません。

3. 人への社会化
　～特に生後8-12週齢、そして一生～
　子イヌのしつけテクニックの多くは、子イヌが人と一緒に過ごしたり活動するのを楽しめるように教えることに焦点をおいています。よく社会化された

イヌは自信もあり友好的で、怖がりでも攻撃的でもありません。ドッグフードの粒をごほうびに、「オイデ」「オスワリ」「フセ」「ロールオーバー」やハンドリングの仕方を、家族全員、お客さん、そして見知らぬ人に教えましょう。社会化不足のイヌと一緒に暮らすのはいらいらする上に難しく、ことによっては危険なことになる恐れもあります。イヌ自身も、社会化不足だと耐えがたいストレスを感じながら生活することになってしまいます。

緊急度 ランキングNo.3
　多くの人が、しつけ教室は子イヌを人に社会化させるところだと思っていますが、厳密にはそうとは言えません。たしかに、社会化された子イヌにとって、しつけ教室が人への社会化を続けるのに役立つのは事実です。しかし、子イヌが生後12週齢になってしつけ教室に参加できるようになる前に、すでに人に十分社会化しておく必要があるのです。社会化が可能な時期は生後3ヶ月で終わってしまうので、子イヌを適切に人に社会化させようとしたら、かなり急がなければなりません。家に来てから1ヶ月の

間に、子イヌは少なくとも100人の人と出会い、積極的に接触する必要があります！

重要度 ランキングNo.2
　子イヌが人と接することを楽しめるように社会化することは死活問題です。これより重要なのは、咬む力の抑制を学んで甘咬みができるようになることだけです。社会化に終わりはありません。忘れないでいただきたいのですが、あなたの青年期のイヌは、毎日知らない人に会い続けていなければ、脱社会化[*1]が始まってしまいます。イヌを散歩に連れて行きましょう。でなければ、あなたの付き合いを広げて、自宅にどんどん人を呼ぶことです！

4. イヌのイヌに対する社会化
　　〜生後3ヶ月齢−18週齢〜
確実な咬みつきの抑制を身につけ、その後も他のイヌと友好的な関係を保ち続けられるように
　子イヌが生後3ヶ月齢になったら、賛否が問われる「イヌのイヌに対する社会化」の遅れを取り戻す時期です。直ちにしつけ教室に入会し、長い散歩に連れ

出し、ドッグパークにも通い始めましょう。よく社会化されたイヌは、咬みついたりケンカをするよりも遊んで過ごそうとします。万一、咬んだりケンカしたりということになっても、よく社会化されているイヌなら通常はやさしく咬めるようになっています。

緊急度 ランキングNo.4

　もしあなたが他のイヌと一緒に楽しく過ごせる成犬がほしいのであれば、しつけ教室と散歩は絶対不可欠です。パルボウイルス腸炎など、イヌのかかる深刻な疾病の予防接種がすべて終わるまで（一番早くて生後3ヶ月齢）子イヌの多くが屋内に隔離されているため、これは特に大切です。

重要度 ランキングNo.6

　イヌのイヌに対する社会化の重要度を何位にするか決めるのは難しいところです。イヌに対する友好性という性質は、飼い主の生活様式によって不要だったり必須だったりするからです。しかし、成犬と楽しく散歩をしたいのであれば、しつけ教室に通ったりドッグパークに行ったりして早期に子イヌを社

会化させることが必要です。それなのに、イヌを散歩に連れて行かない飼い主が驚くほど多いのです。大型犬や都会で飼われているイヌはかなり頻繁に散歩に連れて行ってもらえるようですが、小型犬や郊外で飼われているイヌは、たまにしか連れて行ってもらえません。

あなたの成犬にどの程度の社交性を求めるかにかかわらず、幼犬期のイヌ同士の遊び、ことに「ケンカ遊び」や「咬みつき遊び」は、咬みつきの抑制と甘咬み(あまが)の発達のために絶対必要なものです。この理由のためだけでも、しつけ教室に通ったりドッグパークに行ったりすることは、生後3ヶ月齢の子イヌにとって最優先事項です。

5.「オスワリ」と「おとなしくしなさい」
～子イヌに言うことをきいてほしいと思った時、いつでも始めましょう～

命令を2つだけ子イヌに教えるとしたら、「オスワリ」と「おとなしくしなさい」です。考えてもみてください、子イヌが座っていたらできないいたずらがどれだけたくさんあるでしょう。

緊急度 ランキングNo.5

　社会化と咬む力の抑制は必ず幼犬期に教えなくてはなりませんが、「オスワリ」と「おとなしくしなさい」を教えるのはいつでもかまいません。ですから、それほど急ぐことはありません。でも、幼い子イヌに教えるのは本当に簡単で楽しいのですから、基本マナーはぜひ生後8週齢で飼い始めたその日に教えることをお勧めします。また、あなたの家で生まれた子イヌを育てているなら、生後4－5週齢になったらもう基本マナーは教えましょう。こうした単純で効果的な制御命令(せいぎょ)を急いで教える必要があるとしたら、あなたの子イヌのふるまいや活動があまりに鼻につく場合でしょう。「オスワリ」や「おとなしくしなさい」ができるようになれば、ほとんどの問題が解決します。

重要度 ランキングNo.5

　基本マナーの重要度を決めるのは難しいことです。私自身は、他人の迷惑にならない範囲で自由にイヌらしくふるまえるイヌが好きです。しかし、正式なしつけを全くしていないイヌと楽しく暮らして

いる人もたくさんいます。あなたのイヌが自分にとって完璧なイヌだと思われるなら、そのままでもけっこうです。しかし、あなた自身も他人も、あなたのイヌの行動をうっとうしいと思っているのなら、マナーを教えてみてはどうですか。事実、簡単な「オスワリ」さえできれば、いやな行動問題のほとんどが予防できます。たとえば、跳びついたり、戸口を走り抜けたり、逃げ出したり、人の邪魔をしたり、自分の尾を追いかけ回したり、猫を追いかけたりといったことです。これ以外にも不快な行動は山のようにあります！ いろいろな間違った行動を矯正しようとするよりも、初めから正しい行動（オスワリなど）を教えておくほうがよっぽど楽です。子イヌにルールを教えてもいないのに、そのルールを破ったからマナーが悪いと怒るなんて、かわいそうでしょう。

6. 咬みつきの抑制　～生後18週齢までに～

　どんなイヌにとっても、甘咬みができることはこの上なく重要です。あなたのイヌが咬みついたりケンカしたりすることがなければいいですが、たとえ

そうしても、咬みつきの抑制が確実にできていれば、相手を傷つけてもごく軽症ですみます。

　社会化はとどまるところのない過程で、これによって子イヌの経験はどんどん広がり自信がついてきます。その結果、子イヌは成犬になっても日常経験する困難や変化に不安なく対処していけるのです。それでも、子イヌのうちに予期せぬことすべてに備えさせることは不可能です。ひどいケガをしたり、極度におびえたり、怖がったり、腹を立てたりといったことが万一起こってしまった時、イヌは苦情の手紙を出すようなことは決してできません。その代わりに、イヌはうなって咬みつくものです。ただ、その時どれだけ深刻な傷を負わせることになるかは、子イヌのころ、どこまで咬みつきの抑制を身につけたかに左右されるのです。

　咬みつきの抑制がほとんどできていない成犬は、マウズィングをすることも咬みつくこともほとんどありません。ただ、いったん咬みつくと、ほぼ例外なく相手の皮膚を咬み切ってしまいます。一方、完全に咬みつきの抑制ができている成犬は、遊びながらよくマウズィングをします。もし咬みつくような

ことがあっても、相手の皮膚を傷つけるような咬み方にはなりません。なぜなら、相手に損傷を与えることなく嫌だと伝えるすべを幼犬期にしっかり学んでいるからです。

　イヌ（と他の動物）の発達行動学上、咬みつきの抑制は一番誤解されやすいことです。飼い主の多くが、子イヌにマウズィング自体を禁止してしまうという悲惨な過ちをしてしまいます。子イヌに咬みつき遊びをさせないと、確実な咬みつきの抑制を学べません。生まれたての子イヌは、針のように尖った歯をした咬みつきマシーンのようなものです。だから目に見える外傷を負わせるほど顎の力が強くなる前に、咬みつくと痛いということを覚えます。しかし、「咬みつき遊び」や「ケンカ遊び」をさせてもらえないと、子イヌは咬みつく力の抑制を学ぶことはできません。

　咬みつきの抑制のトレーニングは、まず第1段階として、子イヌにだんだん咬む力を抑制させていき、痛いほど咬みついて遊んでいた子イヌがやさしくマウズィングできるようになるところまで進めます。そして、必ずそれができるようになってから、マウ

ズィングの回数を徐々に減らしていきます。こうして、子イヌはマウズィングをするのは良くないのだということ、また力を込めて咬むことは絶対許されないということを学びます。

緊急度 ランキングNo.6
　子イヌが月齢4ヶ月半になるまでにはまだ時間がありますから、教育課程でも一番重要な咬みつきの抑制を子イヌが確実にマスターするよう、時間をかけて教えてください。子イヌが咬みつく回数が多いほど、咬まれると痛いということを学ぶ機会も増えるため、成犬になってからも顎の力をより安全にコントロールできるようになります。

　自分の子イヌの咬みつき行動に不安を抱かれているなら、直ちにしつけ教室に入会させましょう。あなたもトレーナーに具体的な助言を仰げますし、子イヌも、他の子イヌと遊びながら余分なエネルギーを発散することで咬むことから気がそれ、咬みつきの回数が減っていく可能性があります。

重要度 ランキングNo.1

　咬みつきの抑制は決定的に重要で、イヌにせよ他の動物にせよ、何といってもこれだけは学ばなければいけないという大切な資質です。咬みつきの抑制が信用できないイヌと暮らすのは不快で危険なことです。ですから、咬みつきの抑制は絶対に幼犬期に身につけさせなければなりません。子イヌにこのことをどう教えるか、あなたは完全に理解しておく必要があります。青年期のイヌや成犬に咬みつきの抑制を教えようとするのは不可能に近く、危険で時間もかかります。そのような必要がある場合は、直ちに信頼のおけるトレーナーにご相談ください。

　続く3段階の子イヌの発達における学習の期限について学ぶには、続編の『子イヌを飼ったあとに』をお読みください。

　『子イヌを飼ったあとに』はレッドハート株式会社より発売中。
問合せ先：電話 078-230-2288（代）
　URL http://www.redheart.co.jp

5章：子イヌの教育の優先事項

子イヌに教える重要度ランキング

- No.1　咬みつきの抑制
- No.2　人への社会化
- No.3　家庭のマナー
- No.4　家でひとりになる
- No.5　「オスワリ」と「おとなしくすること」
- No.6　イヌ対イヌの社会化

子イヌに教える緊急度ランキング

- No.1　家庭のマナー
- No.2　家でひとりになる
- No.3　人への社会化
- No.4　イヌ対イヌの社会化
- No.5　「オスワリ」と「おとなしくすること」
- No.6　咬みつきの抑制

---

*1　脱社会化　desocialization　いったん社会化されたイヌも、継続して社会化の機会を与えていなければ、学習した社会性が揺らぎ始め、いつか失ってしまうこと。

6章 書籍とビデオ

BEFORE:子イヌを飼うまえに

6章：書籍とビデオ

　ほとんどの書店やペットショップには、途方にくれるほどいろいろなイヌの書籍やビデオが並んでいます。これを受けて、多数のドッグトレーニング協会が、これから子イヌを飼おうとする人に一番ためになると思うものについてアンケートをとりました。以下に、「ドッグフレンドリー・ドッグトレーナーグループ」が投票で部門ごとに選んだベスト5あるいはベスト10を挙げておきました。（　）の中にあるのは、世界最大のプロのペットトレーナー協会であるペットドッグトレーナーズ協会（APDT）と、カナダ・プロフェッショナル・ペットドッグトレーナーズ協会（CAPPDT）によるランキングです。

　これらの書籍やビデオのほとんどは、子イヌの育て方のガイドとしても使え、主にトレーニングに関する有益なヒントや技術を取り扱ったものです。これに加えて、特にイヌと一緒に楽しみたい人向けのリストと、イヌの行動や心理についてもっと知りたい人向けのリストも、私が作成して挙げておきました。

ビデオ部門　ベスト5

1. Sirius Puppy Training ― Ian Dunbar
   James & Kenneth Publishers, 1987.（CAPPDT：1位　APDT：1位）

2. Training Dogs with Dunbar ― Ian Dunbar
   James & Kenneth Publishers, 1996.（CAPPDT：2位　APDT：4位）
   『ダンバー博士の"ほめる"ドッグトレーニング』として発売中。
   問合せ先：レッドハート（株）　電話：078-391-8788（代）
   URL:http://www.redheart.co.jp

3. Training the Companion Dog(4 videos) ― Ian Dunbar
   James & Kenneth Publishers, 1992.

4. Dog Training for Children ― Ian Dunbar
   James & Kenneth Publishers, 1996
   『ダンバー博士のこどもは名ドッグトレーナー』として発売中。
   問合せ先：レッドハート（株）　電話：078-391-8788（代）
   URL:http://www.redheart.co.jp

5. Puppy Love: Raise Your Dog the Clicker Way ― Karen Pryor & Carolyn Clark.
   Sunshine Books, 1999.

6章：書籍とビデオ

書籍部門　ベスト10

1. How to Teach a New Dog Old Tricks — Ian Dunbar
   James & Kenneth Publishers, 1991.（APDT：1位　CAPPDT：4位）

2. Doctor Dunbar's Good Little Dog Book — Ian Dunbar
   James & Kenneth Publishers, 1992.（APDT：5位　CAPPDT：6位）

3. The Power of Positive Dog Training — Pat Miller
   Hungry Minds, 2001.

4. The Perfect Puppy — Gwen Bailey
   Hamlyn, 1995.（APDT：8位）

5. Dog Friendly Dog Training — Andrea Arden
   IDG Books Worldwide, 2000.

6. Positive Puppy Training Works — Joel Walton
   David & James Publishers, 2002.

7. Train Your Dog the Lazy Way — Andrea Arden
   Alpha Books, 1999.

8. Behavior Booklets (9 booklets) — Ian Dunbar
   James & Kenneth Publishers, 1985.（APDT：9位）
   『イヌの行動問題としつけ－エソロジーと行動科学の視点から－』として発売中。
   問合せ先：レッドハート（株）　電話：078-391-8788（代）
   URL:http://www.redheart.co.jp

9. 25 Stupid Mistakes Dog Owners Make — Janine Adams
   Lowell House, 2000.

10. The Dog Whisperer — Paul Owens
    Adams Media Corporation, 1999.

イヌと楽しく遊ぶための書籍とビデオ部門　ベスト10

1. Take a Bow Wow & Bow Wow Take 2 (2 videos)
   Virginia Broitman & Sherri Lippman, Take a Bow Wow, 1995.
   (APDT：5位　CAPPDT：7位)

2. The Trick is in The Training —Stephanie Taunton & Cheryl Smith.
   Barron's, 1998.

3. Fun and Games with Your Dog — Gerd Ludwig
   Barron's, 1996.

4. Dog Tricks: Step by Step — Mary Zeigenfuse & Jan Walker
   Howell Book House, 1997.

5. Fun & Games with Dogs — Roy Hunter
   Howlin Moon Press, 1993.

6. Canine Adventures — Cynthia Miller
   Animalia Publishing Company, 1999.

7. Getting Started: Clicker Training for Dogs — Karen Pryor.
   Sunshine Books, 2002.

8. Clicker Fun(3 videos) — Deborah Jones
   Canine Training Systems, 1996.

9. Agility Tricks — Donna Duford
   Clean Run Productions, 1999.

10. My Dog Can Do That !
    ID Tag Company. 1991. The board game you play with your dog

イヌをもっと知るための書籍とビデオ部門　ベスト10

1. The Culture Clash - Jean Donaldson
   James & Kenneth Publishers, 1996.（CAPPDT：1位　APDT：2位）
   『ザ・カルチャークラッシュ　ーヒト文化とイヌ文化の衝突ー』として発売中。
   問合せ先：レッドハート（株）電話：078-391-8788（代）
   URL:http://www.redheart.co.jp

2. Don't Shoot the Dog ― Karen Pryor
   Bantam Books, 1985.（CAPPDT：2位　APDT：7位）

3. Bones Would Rain From The Sky ― Suzanne Clothier
   Warner Books, 2002.

4. The Other End of The Leash ― Patricia McConnell
   Ballantine Books, 2002.

5. Dog Behavior ― Ian Dunbar
   TFH Publications, 1979.（CAPPDT：6位）

6. Behavior Problems in Dogs ― William Campbell
   Behavior Rx Systems, 1999.（CAPPDT：6位）

7. Biting & Fighting(2 videos) ― Ian Dunbar
   James & Kenneth Publishers, 1994.

8. Dog Language ― Roger Abrantes
   Wakan Tanka Publishers, 1997.

9. Excel-erated Learning : Explaining How Dogs Learn and How Best to Teach Them ― Pamela Reid, James & Kenneth Publishers, 1996.

10. How Dogs Learn ― Mary Burch & Jon Bailey
    Howell Book House, 1999.

プロフィール

イアン・ダンバー博士

獣医師、動物行動学者、ドッグトレーナーであり、家庭犬のしつけについて、多くの書籍・DVDを上梓しています。ダンバー博士は、世界ではじめて、オフリードでパピートレーニングを教える「シリウス®パピートレーニング」を開校し、1993年APDT（ペットドッグトレーナーズ協会）を創設しました。英国で収録された人気TV番組『Dogs with Dunbar』は世界各国で放映されており、過去40年間で1000回を超えるセミナーが世界各地で開催されています。日本はダンバー博士が一番好きな国です。

現在、カリフォルニア州バークレーにて、応用動物行動センターのディレクターを務め、犬（ボースロン）の"ズゥズゥ"と猫の"アグリー""メイヘム"と暮らしています。

【訳者】
柿沼美紀
1979年　米国Northwestern University卒業
1984年　筑波大学修士課程教育研究科修了
1996年　白百合女子大学博士課程　満期退学
2000年　日本獣医生命科学大学比較発達心理学教室　教授・文学博士

橋根理恵
関西学院大学法学部卒
レッドハート株式会社　取締役　情報企画室室長

奉 献

Kingswell
The Caledon Hills

写真著作権

Darlene Bishop: 32ページ
Kelly Gorman 64, 65ページ
Wayne Hightower 51, 54ページ
Carmen Noradunghian 123, 125ページ
TVS Television 29ページ
Joel Walton 167ページ
これ以外の写真は全て著者が撮影しています。

（原書）
表紙コンセプト：Nancy Paynter
表紙イラスト：Tracy Dockray
表紙デザイン：Quark & Bark Late Night Graphics Co.
背表紙デザイン：Montessaurus Media

BEFORE You Get Your Puppy
© 2001 Ian Dunbar

子イヌを飼うまえに

発行日　2003年12月18日
　6刷　2016年 2月 1日
（著　者）イアン・ダンバー
（訳　者）柿沼　美紀・橋根　理恵
（発行者）前田　浩志
（発行所）レッドハート株式会社
　　　　〒650-0012　兵庫県神戸市中央区北長狭通
　　　　　　　　　4丁目4番18号　富士信ビル4F
（編集・制作）　（株）キャデック
（印刷所）　（株）平河工業社

© 2001 Ian Dunbar
本書の無断転載を禁じます。
レビューに使用されている短い引用文を除き、書面による出版社の許可なく本書を複製することを禁じます。

© 2003 printed in Japan
ISBN 978-4-902017-03-8 C0045

BOOKS

イアン・ダンバー著 『ダンバー博士の子イヌを飼ったあとに』

子イヌが家にやってきた！　さぁ、どうしますか？　あなたが子イヌとの良い関係を築けるかどうかは、子イヌの時期に家庭のルールを正しく教えられるかどうかにかかっています。本書は、家の中での過ごし方・人への社会化・咬みつきの抑制・社会化の継続といった、子イヌが生後5ヶ月齢になるまでに教えなければいけないトレーニングを、月齢ごとに分かりやすく解説しています。本書に沿ってトレーニングを行えば、あなたのイヌは、マナーが良く、色々な場所に連れて行ける、かけがえのないパートナーになるでしょう。

A5判並製　266頁 定価：本体1,800円＋税

イアン・ダンバー著 『ドッグトレーニングバイブル』

"効果がなければトレーニングとはいえない"なぜ、うまくいかないのか？イヌの学習の仕方に合わせた、イヌがもっとも学習しやすい、人がもっとも失敗しにくい『ルアー・ごほうびトレーニング法』を使って、怖がり、攻撃的、噛む、排泄、吠える、リードを引っ張るといった問題を、ロジカルで豪快な切り口で解決していきます。今まで気づかなかった失敗の原因、ちょっとしたコツ、トレーニングを無理なく生活の中に組み入れる方法、グルーミング、食事、ノミ対策まで、「犬と暮らす」ためのすべてがコンパクトにまとまっています。ドッグトレーニング専門学校のテキストに採用されています。

A5判上製　248頁　定価：本体3,400円+税

ジーン・ドナルドソン著 『ザ・カルチャークラッシュ』

『ザ・カルチャークラッシュ』は、ハリウッド映画が作りだした名犬のイメージを一掃し、イヌをイヌとしてありのままに描いています。「これ食べてもいい？　これ噛んでもいい？　ここでおしっこしてもいい？」というイヌ流の考え方を明らかにしています。この本に一貫して流れているのは、ジーンの犬への尽きぬ愛とイヌの気持ちに対する深い洞察です。イヌの視点からトレーニングを問うことに関しては、ジーンの横に並ぶ者はいません。常にドッグトレーニングのあり方を問い、イヌの幸せを論じています。

A5判上製　344頁　定価：本体3,700円＋税

DVD

イアン・ダンバー 『ダンバー博士のトレーニングは今日から』

犬という動物をありのままで受け止め、そして、私たち人間の世界でうまく暮らせるように、犬も人にもフェアで楽しいトレーニング方法を世界中で推奨してきた、ダンバー博士による犬学レクチャー。「犬」との絆が生まれたとき、人間関係で一番大切なこと、相手を理解しようというやさしい気持ちが生まれていることに気づくでしょう。

30分　定価：本体1,980円＋税

1．ダンバー博士の世界へようこそ
2．自分にピッタリの犬を選ぶ
3．人間社会に慣らす
4．怒るとなぜうまくいかないのか？
5．誰も知らないお散歩のコツ
6．トレーニングは簡単
7．犬から見た世界

イアン・ダンバー 『ダンバー博士のはじめての子犬教習』

毎日ふつうに行っていることを、無理なく楽しいトレーニングに変えてしまうコツを教えてくれます。食事、散歩、ボール投げ、子犬とのすべての時間は、トレーニングゲームです。トイレのしつけは、シチュエーションに合わせて必要なトイレセットの作り方から、子犬に失敗させない教え方を、分かりやすい映像で解説しています。※このDVDは本書「子イヌを飼ったあとに」（イアン・ダンバー著）に対応しています。

30分　定価：本体1,980円＋税

1．子犬の社会化
2．トイレのしつけ＆留守番の練習
3．咬む力の加減を教える
4．散歩中のトレーニング
5．物に執着させない
6．犬との信頼関係が生まれる
7．ミュージカルチェア
8．エンディング